乡村建设工匠培训通用教材

乡村建设水电安装工

乡村建设工匠培训通用教材编委会　编写

中国建筑工业出版社

图书在版编目（CIP）数据

乡村建设水电安装工／乡村建设工匠培训通用教材
编委会编写. -- 北京：中国建筑工业出版社，2024. 7.
（乡村建设工匠培训通用教材）. -- ISBN 978-7-112
-30138-6

Ⅰ. TU8

中国国家版本馆 CIP 数据核字第 2024LT0681 号

本套教材是根据《乡村建设工匠国家职业标准（2024 年版）》、《乡村建设工匠培训大纲》编写的全国通用培训教材。包括《乡村建设工匠基础知识》《乡村建设泥瓦工》《乡村建设木工》《乡村建设钢筋工》《乡村建设水电安装工》5 册，内容涵盖初级、中级、高级。本套教材可作为乡村建设工匠培训用书。

为了更好地支持乡村建设工匠培训工作的开展，我们向采购本书作为教材的单位提供教学课件，有需要的可与出版社联系，邮箱：jckj@cabp.com.cn，电话：（010）58337285。

责任编辑：赵云波　李　杰　李　慧
责任校对：赵　力

乡村建设工匠培训通用教材
乡村建设水电安装工
乡村建设工匠培训通用教材编委会　编写

*

中国建筑工业出版社出版、发行（北京海淀三里河路 9 号）
各地新华书店、建筑书店经销
北京建筑工业印刷有限公司制版
建工社（河北）印刷有限公司印刷

*

开本：787 毫米×1092 毫米　1/16　印张：16　字数：326 千字
2024 年 8 月第一版　　2024 年 8 月第一次印刷
定价：**52. 00** 元
ISBN 978-7-112-30138-6
（43124）

丛书编委会

编委会主任 刘李峰

编委会副主任 杨 飞 赵 昭

编委会成员

程红艳 苏 谦 万 健 王东升 黄爱清

厉 兴 孙 昕 揭付军 樊 兵 陈 颖

崔秀明 周铁钢 崔 征 王立韬

主 编 杨洪海

副主编 何青峰

主 审 周 明

组织编写单位

住房和城乡建设部人力资源开发中心

丛书前言

乡村建设工匠是乡村建设的主力军。2022 年新修订的《中华人民共和国职业分类大典》将乡村建设工匠作为新职业纳入国家职业分类目录。为落实全国住房城乡建设工作会议部署和《关于加强乡村建设工匠培训和管理的指导意见》（建村规〔2023〕5 号）的要求，进一步规范乡村建设工匠培训工作，大力培育乡村建设工匠队伍，提高乡村建设工匠技能水平，更好服务农房和村庄建设，在住房城乡建设部村镇建设司指导下，编写团队严格依据《乡村建设工匠国家职业标准（2024 年版）》《乡村建设工匠培训大纲》编写了本套通用培训教材。

本套教材包括《乡村建设工匠基础知识》《乡村建设泥瓦工》《乡村建设木工》《乡村建设钢筋工》《乡村建设水电安装工》5 册，内容涵盖初级、中级、高级，其中《乡村建设工匠基础知识》介绍了乡村建设工匠应掌握的工程设计、施工、管理、安全、法律法规等基础知识，其他分册介绍了乡村建设工匠 4 个职业方向的专业技能要求，在培训时要结合两本教材，根据培训对象的技能等级要求进行培训教学。各地可以在通用教材的基础上，根据地域特点和民族特色，从实际出发，灵活设计培训教学内容。后期，编写组还将根据培训实际，组织编写乡村建设带头工匠培训教材。

本套教材 4 个职业方向的基础部分由湖北城市建设职业技术学院程红艳副教授团队编写，保证了各职业方向基础知识内容的统一性和完整性；教材主编、副主编、主审组织专家团队对教材进行了多轮审核，保证了丛书的科学性和规范性。限于时间有限，本套教材还有不足之处，恳请读者在使用过程中提出宝贵意见。

前　言

　　根据党的二十大提出的全面推进乡村振兴，加快人才振兴的要求，2023 年 12 月住房和城乡建设部会同人力资源和社会保障部，印发《关于加强乡村建设工匠培训和管理的指导意见》提出：乡村建设工匠是农村建房的主力军，提高乡村建设工匠技能水平，规范其建造行为，对保障农房质量安全，提升农房居住品质具有重要意义。

　　《乡村建设水电安装工》是提升乡村建设工匠专业技能和综合素质的培训丛书。本书紧跟乡村建设转型升级的需要，对接《乡村建设工匠国家职业标准（2024 年版）》，结合新规范、新标准，通过理论与实践、解说与图例相结合的方式，深入浅出地对乡村建设工匠水电安装工应掌握的工具、材料、技能、操作规程和安全规定、以及水电安装工实际操作过程中遇到的问题和整改方法进行了详尽的介绍。

　　本书由王东升主编，甘信广、杨秀香任副主编，李晓担任主审。第一、二、五、六、九、十章由湖北城市建设职业技术学院程红艳，方锐，李红，周琪编写；其余章节由路凯、刁文鹏、张浩然、刘晓鹏、王晓燕、王旭、李延青、丁建民、许春霞、王日、李爱涛、王建伟、王志超、伍霞、孙震、孟凡科参与编写及资料整理。本书在编写过程中得到了人力资源和社会保障部，住房和城乡建设部人事司、村镇建设司，住房和城乡建设部人力资源开发中心，山东省住房和城乡建设厅村镇处，清华大学经济管理学院，青岛海大培训中心，山东城市建设职业学院，青岛华海理工专修学院等单位的大力支持，在此表示衷心的感谢！

　　由于编者水平有限，编写时间仓促，书中难免有不足之处，敬请广大读者批评指正。

目　录

水电安装工（初级）

水电安装工（中级）

水电安装工（高级）

水电安装工（初级）

水电安装工（中级）

水电安装工（高级）

第一章　施工准备

第一节　作业条件准备

（一）防护装备的穿戴

常用的防护装备主要有安全帽、绝缘鞋、防护手套、安全带、护听器等。

1. 安全帽的佩戴

安全帽主要由帽壳、帽衬及配件等组成，如图 1-1 所示。

1）安全帽的佩戴

（1）选择合适大小的安全帽。

过大或过小的安全帽都起不到保护作用。佩戴时应将安全帽放在头上，调整好位置，确保其不会掉落。

（2）拉紧下颏带。

下颏带可以有效地固定安全帽，在佩戴安全帽时，应拉紧下颏带，使其不松动。

（3）检查安全帽是否戴正。

安全帽应戴正，使帽檐位于眉毛上方，并与头部垂直，如图 1-2 所示。如果安全帽没有戴正，可能会影响头部受到冲击时的缓冲效果。

2）安全帽的使用要求

（1）不能私自在安全帽上打孔，不要随意碰撞安全帽，不要将安全帽当板凳坐，以免影响其强度。

（2）安全帽不能在有酸、碱或化学试剂污染的环境中存放，不能放置在高温、日晒或潮湿的场所中，以免老化变质。

（3）使用之前应检查安全帽的外观是否有裂纹、碰伤痕迹、凸凹不平、磨损，帽衬是否完整，帽衬的结构是否处于正常状态。

安全帽的正确佩戴可扫描二维码观看视频 1-1。

图 1-1　安全帽　　　　　图 1-2　安全帽佩戴　　　　视频 1-1　安全帽的
正确佩戴

2. 绝缘鞋的穿戴

工作过程中需要用到很多电动工具，绝缘鞋全鞋无金属，可以有效避免用电损伤。如图 1-3 所示。

图 1-3　绝缘鞋

（1）在选择绝缘鞋时，需要根据工作环境和工作需求来选择合适的绝缘等级。

（2）穿戴绝缘鞋时，应确保鞋内没有异物，同时要注意将鞋带系紧，以免发生意外。脚部应完全覆盖在绝缘鞋内，确保绝缘鞋与脚部紧密贴合。

（3）如果发现绝缘鞋表面有破损、裂纹或老化现象，应及时更换绝缘鞋，以确保其正常使用。

（4）绝缘鞋在使用过程中，应注意保持其清洁干燥。不要与酸碱等化学物质接触，以免损坏绝缘鞋的绝缘性能。使用完毕后，应将绝缘鞋放置在通风干燥的地方，避免阳光直射。

（5）绝缘鞋在使用时，要防止其受到尖锐物体的刺穿或磨损，以免降低其绝缘性能。

（6）使用安全鞋时，应避免与水长时间接触，不可浸泡水洗，否则影响其使用寿命，引起脱胶等问题。

（7）绝缘鞋的使用寿命一般为 2～3 年，要注意及时更换新的绝缘鞋，以确保其绝缘性能可靠。

3. 防护手套的佩戴

施工操作过程中应对手部进行防护，可用机械防护手套和普通劳保手套，如图 1-4、图 1-5 所示。

图 1-4　机械防护手套　　　　　　图 1-5　普通劳保手套

（1）在佩戴防护手套之前，必须注意手部的清洁和干燥。

（2）佩戴手套时，应确保手套完全覆盖手部，特别是手腕部分。

（3）在工作过程中，避免使用破损、老化或卷边的手套。

（4）使用电动工具切割过程中严禁戴手套。

4. 安全带和安全绳的佩戴

在 2m 及以上无可靠安全防护设施的高处作业时，必须系挂安全带和安全绳。安全带和安全绳如图 1-6 所示。安全带及安全绳的使用方法可扫描二维码观看视频 1-2。

（a）安全带　　　　　　（b）安全绳

图 1-6　安全带和安全绳　　　　　　视频 1-2　安全带及安全绳的
使用方法

1）安全带的佩戴

（1）首先抓住安全带的背部 D 形环，摇动安全带，让所有的带子都复位。然后解开胸带、腿带和腰带上的带扣，松开所有的带子。

（2）从肩带处提起安全带，将安全带穿在肩部，系好左腿带或扣索，系好右腿带或扣索，系胸前扣带，如图 1-7 所示，然后系腰部扣带，如图 1-8 所示。

（3）调节胸部扣带、腿带、肩带，直到合适，如图 1-9 所示。

 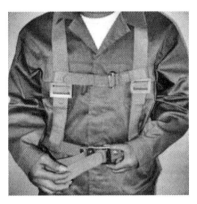

图 1-7　系胸前扣带　　　　图 1-8　系腰部扣带

图 1-9　系好的安全带

2）安全带和安全绳的使用要求

（1）在使用安全带时，应检查安全带的部件是否完整，扣环有没有弯曲、裂痕或刻痕，带子有没有磨损的边缘、破裂、切口或其他损坏的地方，并留意松脱或折断的针线等。

（2）安全带使用时应高挂低用。安全绳的长度不能太长，在保证操作活动的前提下，要限制在最短的范围内。

（3）不准将绳打结使用，不准将钩直接挂在不牢固物体上。

（4）使用围杆作业安全带时，不允许在地面上随意拖着绳走，以免损伤绳套，影响主绳。

（5）安全带上的各种部件不得任意拆掉。更换新绳时要注意加绳套。

（6）安全带应储藏在干燥、通风的仓库内，不准接触高温、明火、强酸和尖锐的坚硬物体，也不准长期暴晒、雨淋。

5. 护听器的佩戴

现场切割时噪声很大，需佩戴护听器。护听器主要有耳罩式和耳塞式两大类。

耳罩式护听器按佩戴方式分为环箍式耳罩，如图1-10（a）所示；挂安全帽式耳罩，如图1-10（b）所示。耳塞式护听器按佩戴方式分为环箍式耳塞，如图1-10（c）所示；不带环箍耳塞，如图1-10（d）所示。

（a）环箍式耳罩　　　（b）挂安全帽式耳罩　　　（c）环箍式耳塞　　　（d）不带环箍耳塞

图1-10　护听器

常用耳塞式护听器的材质比较柔软舒适，适合长时间佩戴，但佩戴时需要一定的技巧。一般在佩戴前先将耳塞尽可能揉搓成无折缝、细长的圆柱体；然后手绕过脑后，将耳廓尽量向上向外拉；最后把耳塞插入耳道，材料膨胀后堵住耳道，如图1-11所示。

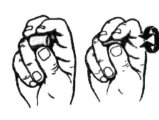  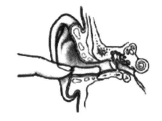

图1-11　耳塞式护听器使用示意图

（二）手持电钻的使用

手持电钻广泛应用于建筑、装修、家具等行业，多数电钻能实现一机三用：起拧螺栓、平钻钻孔及冲击钻孔。手持电钻按供电方式的不同可分为直流电池型，如图1-12（a）所示；交流电源型，如图1-12（b）所示。直流电池型机动性更好，但动力稍逊；交流电源型动力强劲，但受连接线长度限制，机动性相对较差。

手持电钻的使用方法可扫描二维码观看视频 1-3。

（a）直流电池型　　　　　　（b）交流电源型

图 1-12　手持电钻　　　　　　　　　视频 1-3　手持电钻的使用方法

1. 手持电钻的检查

（1）使用前应检查钻头是否有裂纹或损伤，如果有损伤，需要更换新的钻头。

（2）检查电源线是否破损，如果发现破损，需要用绝缘胶带缠绕好以防触电，条件允许最好更换新的电源线。

（3）检查手持电钻开关是否处于关闭状态，防止接入电源时手持电钻突然转动导致意外伤害。

（4）电钻开启后可以先空转 1min，观察钻头的旋转方向和进给方向是否一致，检查传动部分是否灵活，有无杂声，钻头、螺钉有无松动，换向器火花是否正常等。

2. 手持电钻的操作

（1）打孔时双手应紧握电钻，尽量不要单手操作，以免因为后坐力或者旋转力导致意外伤害。

（2）打孔时下压的力度不要过大，防止钻头被打断或飞出导致意外伤人。

（3）确保所有手指离开钻头附近再开启电钻工作，以防误伤手指。

（4）清理钻头废屑以及换钻头等操作必须在断开电源的情况下进行。

（5）使用过程中，如果发现电钻过热，应立刻停止使用，进行清除污垢、更换磨损的电刷、调整电刷架弹簧压力等操作。

（6）完成打孔工作后，应先断开电源，等钻头完全停止转动，再将电钻放好；刚使用的钻头可能过热，会烧伤皮肤，不要立马接触。

（7）不使用时要及时拔掉电源插头、拔下钻头以防无意碰断，并将电钻等部件放回设备箱，存放在干燥、清洁的环境中。

3. 手持电钻电池更换

直流电池型手持电钻电池更换很方便，在机身上有电池仓，只要轻抠电池侧面的按钮就可卸下已耗完电的电池，再将已充满电的电池置入电池仓即可，如图1-13所示。

4. 手持电钻钻头更换

手持电钻的钻头有手动夹头和自锁夹头两种，如图1-14左侧所示。手动夹头型电钻钻头夹持牢固，不易掉落，钻孔精度高。自锁夹头型电钻在更换钻头、螺丝刀头时更加简单快捷。手动夹头型电钻需要用配套的夹头钥匙，如图1-14右侧所示。

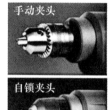

图1-13　直流电池型手持电钻电池更换　　　图1-14　手动夹头和自锁夹头

（1）自锁夹头型钻头更换可分为不带电和带电两种情况。

① 不带电操作时，先按紧夹头下面部分，左右拧动上半部分，将爪夹调至合适的位置；然后将适配的钻头置入爪夹头内，放入合适的长度；最后按紧夹头下面部分，顺时针旋转夹头上半部分，用力拧紧即可，如图1-15所示。

图1-15　自锁夹头型手持电钻更换钻头（不带电）

② 带电操作时，首先攥紧夹头上半部分，按下正/反转开关，启动电钻，将爪夹头调至合适位置；其次将适配的钻头置入爪夹头内，放入合适的长度；最后将电钻调成正转，攥紧夹头上半部分，轻按启动开关拧紧即可，如图1-16所示。

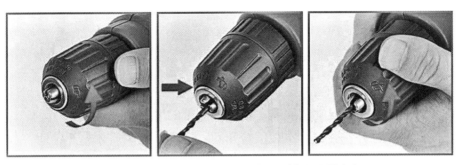

图 1-16　自锁夹头型手持电钻更换钻头（带电）

（2）手动夹头型钻头更换时，先插入夹头钥匙，顺时针旋转松开夹头，然后放入适配的钻头，用夹头钥匙逆时针旋紧即可，如图 1-17 所示。

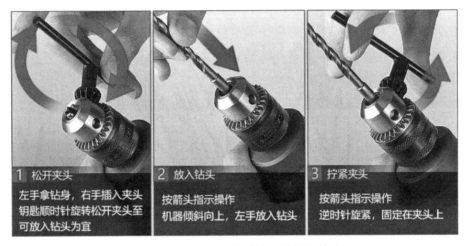

1 松开夹头	2 放入钻头	3 拧紧夹头
左手拿钻身，右手插入夹头钥匙顺时针旋转松开夹头至可放入钻头为宜	按箭头指示操作机器倾斜向上，左手放入钻头	按箭头指示操作逆时针旋紧，固定在夹头上

图 1-17　手动夹头型手持电钻更换钻头

（三）无齿锯的使用

无齿锯可轻松切割各种材料，包括钢材、铜材、铝型材、木材等，如图 1-18 所示。

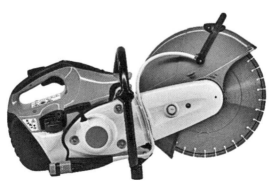

图 1-18　无齿锯

1. 无齿锯的检查

（1）使用前必须认真检查设备的性能，确保设备完好。

（2）电源开关、锯片松紧度、锯片的护罩或安全挡板应进行详细检查，操作台必须稳固，夜间作业必须有足够的照明；检查三角带的磨损情况。

（3）使用前先打开总开关，空载试转几圈，待确认无误后才允许启动。

2. 无齿锯锯片更换

无齿锯锯片使用一段时间后，如果锯片磨损严重，需要更换新的锯片，以满足工程需要。更换锯片的操作方法如下：

（1）切断电源，把锯片用扳手固定，顺着锯片工作方向转动固定锯片的螺栓，拆下锯片。拆下零件时，要按拆下的顺序给零件做好标记和记录。

（2）换上新的锯片，按拆下零件的逆顺序和标记将各零件复位。

（3）拧紧固定螺栓。

（4）试运转，检查锯片转动是否平稳，若平稳则完成换装锯片工作。

【小贴士】无齿锯操作使用过程中需要切割的工件必须夹持牢固，严禁工件未夹紧就开始进行切割工作；严禁在砂轮平面上修磨工件的毛刺，防止砂轮片碎裂伤人；加工完毕应关闭电源；无齿锯应经常检查、清理、保养，旋转和活动部件应进行适当的维护和润滑。

（四）手持灭火器的使用

工程中常用的手持灭火器为干粉灭火器，部分场所会用到二氧化碳灭火器。

1. 手提式干粉灭火器的使用

（1）灭火器使用前，应检查压力是否有效，将灭火器上下用力摆动数次。

（2）拉开安全插销，一只手握住手柄，另一只手握住管子，对准火焰根部，用力按压开关，直至喷射灭火剂并远近扫射前进灭火。

（3）灭火后，立即放松压力，停止喷射灭火剂。

手提式干粉灭火器使用方法如图 1-19 所示。

图 1-19　手提式干粉灭火器使用方法

【小贴士】手提式干粉灭火器在使用时需要注意：保险销拔出后禁止喷嘴对人造成伤害；灭火时，操作人员应在上风方向操作；注意控制灭火点的有效距离和使用时间。

2. 手提式二氧化碳灭火器的使用

手提式二氧化碳灭火器主要用于拯救贵重设备、600V 以下的电器和油类首次起火。灭火时，在距燃烧物 2m 左右拔出灭火器保险销，一手握住喇叭筒根部的手柄，另一只手紧握启闭阀的压把。当可燃液体呈流淌状燃烧时，将二氧化碳灭火剂的喷流由近而远向火焰喷射。

二氧化碳灭火器在室外使用时，应选择在上风方向喷射，并且手要放在钢瓶的木柄上，不能直接用手抓住喇叭筒外壁或金属连线管，防止冻伤。在室内窄小空间使用时，灭火后操作者应迅速离开，以防窒息。

手提式干粉灭火器及手提式二氧化碳灭火器的使用方法可扫描二维码观看视频 1-4、视频 1-5。

视频 1-4　手提式干粉灭火器的使用方法　　视频 1-5　手提式二氧化碳灭火器的使用方法

第二节　材料准备

（一）钢筋型号区分

1. 钢筋型号区分

钢筋根据表面形状分为光圆钢筋和带肋钢筋。光圆钢筋如图 1-20 所示，带肋钢筋如图 1-21 所示。

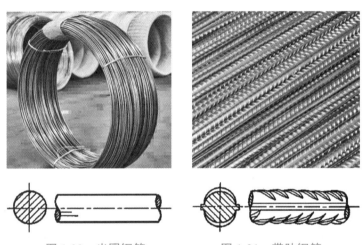

图 1-20　光圆钢筋　　　　图 1-21　带肋钢筋

【小贴士】HPB300 钢筋用符号"φ"表示，HRB400 钢筋用符号"Φ"表示。热轧光圆钢筋一般作非受力筋用，例如板的分布筋、负筋、梁柱的箍筋等。推荐的钢筋公称直径为 6mm、8mm、10mm、12mm、16mm、20mm。热轧带肋钢筋在钢筋混凝土里被大规模用于各个构件的受力钢筋。推荐的钢筋公称直径为 6mm、8mm、10mm、12mm、14mm、16mm、18mm、20mm、22mm、25mm、28mm、32mm、36mm、40mm、50mm。

2. 钢筋型号现场识别

热轧钢筋出厂时，在每捆上挂不少于 2 个标牌，印有厂标、钢号、炉号、直径等标号，并附质量证明书，如图 1-22 所示。

带肋钢筋表面轧上牌号标志、生产企业序号（生产许可证后 3 位数字）和公称直径毫米数字，还可轧上经注册的厂名或商标。如图 1-23 所示，其中 4E 表示钢筋牌号为 HRB400E，X 即某厂名拼音首字母，25 表示钢筋公称直径为 25mm，062 为生产企业许可证后 3 位数字。

图 1-22　钢筋标牌

图 1-23　带肋钢筋表面标志

（二）木方型号区分

木方一般用于装修、门窗材料或木制家具、结构施工中的模板支撑及屋架用材。乡村建设工程中用到的木方主要有装修用木方、模板支架用木方。

1. 装修用木方型号区分

装修用木方主要用作木龙骨，如图 1-24 所示。常用龙骨有吊顶龙骨、隔墙龙骨、地板龙骨。一般装修用的木方都是用于撑起外面的装饰板或地板。

装修用木方以松木材质居多，长度一般是 4m 长，宽度和厚度常用 20mm×30mm、30mm×30mm、30mm×40mm、40mm×40mm、40mm×60mm 等。

2. 模板支架用木方型号区分

模板支架用木方主要用作模板的背楞、夹木、托木等，如图 1-25 所示。

模板支架用木方规格尺寸较多，常见的有 3cm×6cm、3cm×7cm、3cm×8cm、3cm×9cm、3.5cm×7cm、3.5cm×8cm、3.5cm×8.5cm、3.8cm×8.8cm、4cm×7cm、4cm×8cm、4cm×9cm、4.5cm×9cm、5cm×10cm、5.5cm×7cm、6cm×7cm、

8cm×8cm、9cm×9cm、10cm×10cm、12cm×12cm、15cm×15cm、20cm×20cm等。

模板支架用木方的长度一般有 7 种：2m、2.5m、2.7m、3m、3.5m、4m、6m。

图 1-24　装修用木方　　　　　　　图 1-25　模板支架用木方

（三）模板型号区分

1. 模板的选用

模板通常按制作材料不同进行分类，主要有木模板、钢模板、木胶合板模板、竹胶合板模板、铝合金模板等。

1）木模板

传统的木模板如图 1-26（a）所示。板间拼缝大，混凝土施工过程中胀模现象较多，模板损耗大，混凝土结构面观感差，周转次数少，易变形，现已几乎被木胶合板模板取代。

2）钢模板

钢模板一般做成定型模板，适用于多种结构形式，在工程施工中广泛应用，如图 1-26（b）所示。钢模板周转次数多，但一次投资量大，乡村建设中应用较少。

3）木胶合板模板

木胶合板模板如图 1-26（c）所示。木胶合板模板具有强度高、板幅大、自重轻、锯截方便、不翘曲、接缝少、不开裂等优点，提高了工程质量和工程进度，在乡村建设施工中用量最大。

4）竹胶合板模板

竹胶合板模板简称竹胶板，比木胶合板模板强度更高，表层经树脂涂层处理后可作为清水混凝土模板。

5）铝合金模板

铝合金模板具有质量轻、刚度大，拼装方便、周转率高的特点，但首次资金投入较高，目前在大型施工项目中应用较为广泛，乡村建设中基本不用。

（a）木模板

（b）钢模板

（c）木胶合板模板

图 1-26 模板

2. 模板型号的区分

木胶合板模板的幅面尺寸有模数制与非模数制之分，其中 1830mm×915mm 和 2440mm×1220mm 两种幅面尺寸较为常用，木胶合板模板的厚度以 15mm、18mm 居多。木胶合板模板规格应符合表 1-1 的规定。

模数制混凝土模板用胶合板的长度和宽度允许偏差为 0、−3mm，非模数制混凝土模板用胶合板的长度和宽度允许偏差为 ±2mm，厚度允许偏差一般为 ±0.7mm，垂直度允许偏差不大于 0.8mm/m，边缘直度允许偏差不大于 1mm/m。

木胶合板模板规格（单位：mm） 表 1-1

幅面尺寸				厚度
模数制		非模数制		
宽度	长度	宽度	长度	
		915	1830	
900	1800	1220	1880	
1000	2000	915	2135	12、15、18、21
1200	2400	1220	2440	
		1250	2500	

注：其他规格尺寸由供需双方协议。

【小贴士】建筑模板的尺寸看起来奇怪，是因为用了公制单位毫米（mm），换成英制单位英寸（inch）就很明显了，1830mm×915mm ＝ 72inch×36inch（俗称 6×3 尺），另外的常见尺寸还有 2440mm×1220mm（即 96inch×48inch，俗称 8×4 尺）。

竹胶合板模板规格应符合表 1-2 的规定。

竹胶合板模板规格（单位：mm）   表 1-2

长度	宽度	厚度
1830	915	
1830	1220	
2000	1000	9、12、15、18
2135	915	
2440	1220	
3000	1500	

注：其他规格尺寸由供需双方协议。

（四）脚手架材料区分

脚手架按材料的不同分为木脚手架、竹脚手架、钢管脚手架或金属脚手架；按搭设位置划分为外脚手架和里脚手架。乡村建设中常用木竹脚手架和扣件式钢管脚手架。

1. 木脚手架材料区分

木脚手架所用材料一般为剥皮杉杆、落叶松或其他坚韧顺直硬木，不得使用杨木、柳木、桦木、椴木、油松和腐朽枯节等质地欠坚韧的易弯、易折的木材。木脚手架中以杉篙脚手架为典型代表，如图 1-27 所示。现在木脚手架已很少使用。

图 1-27　杉篙脚手架

2. 竹脚手架材料区分

竹脚手架一般选用生长期 3 年以上的毛竹或楠竹为材料，如图 1-28 所示。青嫩、枯黄、黑斑、虫蛀、裂纹连通两节以上的竹竿均不能使用。

图 1-28 竹脚手架

竹脚手架同木脚手架一样，各种杆件也使用绑扎材料加以连接，竹脚手架的绑扎材料主要有竹篾、镀锌钢丝、塑料篾等。竹脚手架中所有的绑扎材料也不得重复使用。

3. 扣件式钢管脚手架材料区分

扣件式钢管脚手架的构造示意如图 1-29 所示。搭设扣件式钢管脚手架的材料（简称架料）有钢管、扣件、底座、垫板及脚手板。

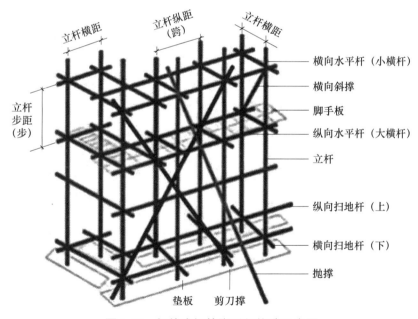

图 1-29 扣件式钢管脚手架构造示意图

1）钢管

用于立杆、大横杆和各支撑杆（斜撑、剪刀撑、抛撑等）的钢管最大长度不得超过 6.5m，一般为 4～6.5m；小横杆所用钢管的最大长度不得超过 2.2m，一般为 1.8～2.2m。如图 1-30 所示。

图 1-30　钢管

2）扣件

扣件主要有直角扣件、旋转扣件、对接扣件三种形式。直角扣件又称十字扣件，用于连接两根垂直相交的杆件，如立杆与大横杆、大横杆与小横杆的连接，如图 1-31（a）所示。旋转扣件又称回转扣件，用于连接两根平行或任意角度相交的钢管的扣件，如斜撑和剪刀撑与立柱、大横杆和小横杆之间的连接，如图 1-31（b）所示。对接扣件又称一字扣件，是钢管对接接长用的扣件，如立杆、大横杆的接长，如图 1-31（c）所示。

扣件在使用前应进行质量检查，并进行防锈处理。有裂缝、变形的严禁使用，出现滑丝的螺栓必须更换。

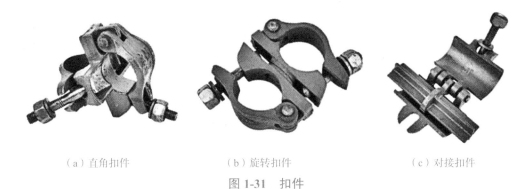

（a）直角扣件　　　　　　　（b）旋转扣件　　　　　　　（c）对接扣件

图 1-31　扣件

3）底座

扣件式钢管脚手架的底座为套管、钢板焊接底座，如图 1-32 所示。

4）垫板

脚手架底部即底座下方应设垫板，如图 1-33 所示。

5）脚手板

乡村建设中常用的脚手板有木脚手板、竹串片脚手板、竹笆脚手板等，施工时可根据各地区的材源就地取材选用。

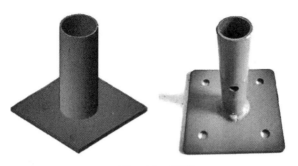

图 1-32　底座

图 1-33　垫板

（1）木脚手板

木脚手板一般采用杉木或落叶松制作，如图 1-34 所示。

图 1-34　木脚手板

（2）竹串片脚手板

竹串片脚手板采用螺栓穿过并列的竹片，将其串连拧紧而成，如图 1-35 所示。

（3）竹笆脚手板

竹笆脚手板采用平放的竹片纵横编织而成，如图 1-36 所示。

图 1-35　竹串片脚手板　　　　　　图 1-36　竹笆脚手板

（五）材料的分类码放

1. 钢筋的分类码放

当钢筋运进施工现场后，必须严格按批分等级、牌号、直径、长度挂牌存放，并注明数量，不得混淆。

1）码放场地要求

钢筋应尽量堆入仓库或料棚内，以防止雨雪浸湿钢筋导致生锈。堆放钢筋的场地要坚实平整，在场地基层上用混凝土硬化或用碎石硬化。

条件不具备时，应选择地势较高、土质坚实、较为平坦的露天场地存放。在存放场地周围挖排水沟，以利于泄水。堆放时钢筋下面要加垫木，离地不宜少于 20cm，以防钢筋锈蚀和污染。

2）钢筋分类码放

钢筋原材进入现场后，应分规格、分型号进行堆放，不能为了卸料方便而随意乱放。

钢筋原材及成品钢筋堆放场地必须设有明显的标识牌。钢筋原材标识牌上应注明钢筋进场时间、受检状态、钢筋规格、长度、产地等；成品钢筋标识牌上应注明构件名称、部位、钢筋类型、尺寸、牌号、直径、根数，不能将不同构件的钢筋混放在一起，如图 1-37 所示。

图 1-37　钢筋分类码放

2. 水泥的分类码放

施工现场水泥堆放应按施工现场平面图指定的地方堆放，不得随意堆放。水泥应按品种、标号分类堆放。库内存放的水泥，其堆放距墙、地不少于 200mm。散装水泥要认真打包，包装袋及时回收，散落灰及时清运。袋装水泥堆放高度不能超过 10

袋，如图 1-38 所示。堆放水泥的场地要硬化，地势较高，排水畅通，露天堆放水泥要加盖苫布。

3. 砌筑材料的码放

砌筑材料的堆放位置应在起吊机械附近，要尽量减少二次搬运，使场内运输路线最短，以便砌筑时起吊。堆放场地应平整夯实、最好硬化，砌筑材料堆放平稳，并做好排水工作。砌筑材料规格、数量必须配套，按不同类型分别堆放，如图 1-39 所示。

图 1-38　水泥码放　　　　　　　　　　图 1-39　砌筑材料码放

4. 木方的分类码放

木方应按尺寸不同分类码放，码放要求上盖下垫，硬化地面，场地不能积水。
（1）不能直接堆放在地面上，下面要垫起 20～30cm 的高度，如图 1-40 所示。

图 1-40　木方码放

（2）木方堆场如无雨棚，要进行覆盖，避免雨淋和太阳照射。
（3）木方码放整齐有序，高度一般不超过 1.5m，方便取用并保证安全。
（4）木材是易燃物，码放区要注意防火。

（5）木方应分别横竖交错层层堆放，须同方向堆放时应考虑通风，堆放应结实整齐，不下陷不歪斜。垛间距离不得小于1m。

（6）操作区宜设有贯穿的纵横通道。主通道的宽度应根据运行车辆的种类而定，最窄处不得小于2m。单独用作安全疏散用的通道，其最小宽度不得小于1.4m。

5. 模板的分类码放

模板码放前应做好外表的处理工作，一般均匀涂一层隔离剂，以便脱模和外表清洗。模板要进行编号，以便再次使用时快速查找。地面上模板的码放高度不超过1.5m，架子上模板的码放高度不超过3层。不得随意靠墙堆放模板。应注意板面与地面不可直接接触，用木方将模板层层隔开，保持模板通风，同时更要注意遮挡，防止日晒雨淋。木工厂和木质材料堆放的场地严禁烟火，并按要求配备消防器材。其他码放要求同木方。

6. 脚手架的分类码放

（1）脚手架按构件分类码放，杆件、脚手板、辅助材料分类分堆，如图1-41所示。

图1-41　脚手架材料分类码放

（2）钢管分尺寸分类堆放，搭设堆放架，扣件、零配件集中分类堆放扣件池内，不散不乱，并挂材料标示牌。

（3）钢管周转材料堆放要求场地地面硬化及不积水，堆放限高≤1.2m，采用搭钢管架子堆放限高≤2m。

第三节　施工机具准备

（一）现场机具开关箱位置识别

根据《供配电系统设计规范》GB 50052—2009、《施工现场临时用电安全技术规范》JGJ 46—2005 要求，施工现场用电必须符合下列规定：

（1）采用三级配电系统，即总配电柜或箱、分配电箱、开关箱，如图 1-42 所示。

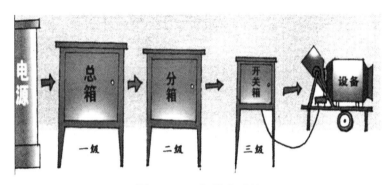

图 1-42　三级配电系统

（2）采用 TN-S 接零保护系统，现场中所有的配线均采用三相五线制。

（3）采用二级漏电保护系统，即除在末级开关箱内加装漏电保护器外，还要在上一级分配电箱或总配电箱中再加装一级漏电保护器，总体上形成两级保护。

配电箱位置的识别

1）三级配电箱

乡村建设施工阶段多为临时用电。临时用电就是在某个地方施工需要用电，临时搭建配电箱，再由各级配电箱分支到各个用电现场。配电箱分为一级配电箱（总配电箱）、二级配电箱（分配电箱）、三级配电箱（开关箱）三种。其中，一级配电箱是从变压器引入三相电源、地线、零线；二级配电箱是从一级配电箱电源至临时用电区域；三级配电箱是电器设备自身的控制柜。各级配电箱如图 1-43 所示。

2）施工现场配电箱位置的识别

（1）一级配电箱位置

一般安装在变压器或者配电室附近，如果工地距变压器或者配电室远，则会考虑安装到工地用电机械相对中心位置，且不影响物资运输和存放，为下步安装二级配电箱做准备。

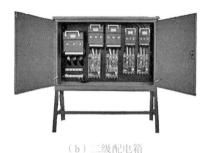

（a）一级配电箱　　　　　　　　（b）二级配电箱　　　　　　　　（c）三级配电箱

图 1-43　配电箱

（2）二级配电箱位置

一般安装在起吊设备与搅拌机中间位置，且不影响物资运输和存放。钢筋制作区、木工加工区等各放置一台。

（3）三级配电箱位置

安装在用电设备负荷相对集中的地区，二级配电箱与三级配电箱之间的距离不超过 30m。

【小贴士】动力配电箱与照明配电箱分别设置，如合置在同一配电箱内，动力与照明线路分路设置，照明线路接线接在动力开关的上侧。三级配电箱是末级配电箱配电，箱内一机一闸一漏，每台用电设备都有自己的开关，严禁用一个开关电器直接控制两台以上的用电设备。

3）配电箱安装位置的要求

配电箱安装位置主要考虑安全和使用便利两方面。

（1）安全

配电箱、开关箱应装设在干燥、通风及常温场所；不得装设在瓦斯、烟气、蒸汽、液体及其他有害介质中。不得装设在易受外来物体撞击、强烈振动、液体浸溅及热源烘烤的场所。避免在潮湿、易燃的环境中安装，以免电路设施遭受损害。

（2）使用便利

一般应该安装在方便操作的地方，周围不要堆积材料，不要遮挡配电箱。另外，也要远离干扰因素，如电器、电线、垃圾桶等。常见配电箱及开关箱安装如图 1-44～图 1-47 所示。

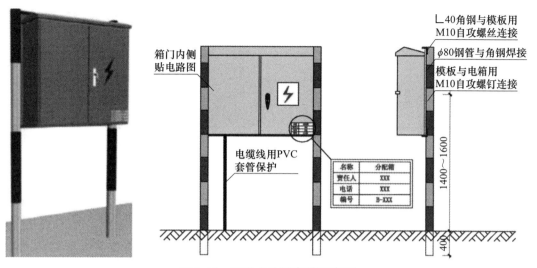

图 1-44　固定式分配电箱示意图

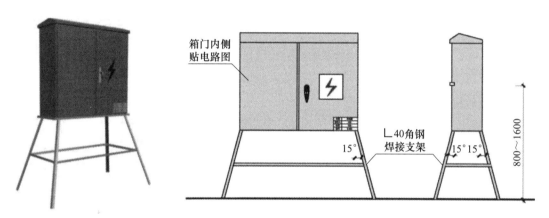

图 1-45　移动式分配电箱示意图

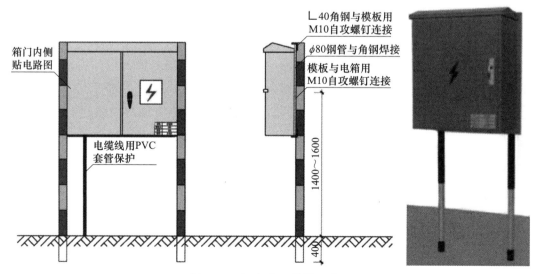

图 1-46　固定式开关箱示意图

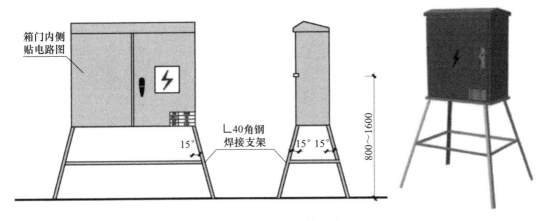

图 1-47　移动式开关箱示意图

（二）设备的通断电和开关箱的使用

1. 设备的通、断电

1）设备通、断电的步骤

施工现场设备在使用过程中，必须按照下述步骤通、断电：

通电操作步骤：总配电箱→分配电箱→开关箱。

断电操作步骤：开关箱→分配电箱→总配电箱（出现电气故障和紧急情况除外）。

2）设备通、断电的要求

（1）通电之前，必须检查设备和电线路是否完好，有无损坏和缺陷；检查设备插头是否插紧；查看设备的开关是否处于关闭状态，否则突然通电会造成设备和人员的安全隐患。

（2）设备断电前，应提前告知相关人员，设备停止运行，避免设备在运行状态下突然断电而造成损坏。

（3）对配电箱、开关箱进行定期维修、检查时，必须将其前一级相应的电源隔离开关分闸断电，并应悬挂"禁止合闸、有人工作"停电标志牌，严禁带电作业。

（4）对手持电动工具、搅拌机、钢筋加工机械、木工机械等设备进行清理、检查、维修时，必须首先将其开关箱分闸断电，呈现可见电源分断点，并关门上锁。

（5）工作中如遇中途断电后再复工时，应重新检查所有用电安全措施，一切正常后，方可重新开始工作。

2. 现场机具开关箱的使用

配电箱及开关箱在使用过程中需注意下列事项：

（1）配电箱、开关箱必须防雨、防尘。施工现场停止作业 1h 以上时，应将动力开关箱断电上锁。配电箱、开关箱周围应有足够两人同时工作的空间和通道。

（2）进入开关箱的电源线，严禁用插销连接。所有配电箱均应标明名称、用途，并作出分路标记。所有配电箱门应配锁，配电箱和开关箱应由专人负责。

（3）配电箱、开关箱内的连接线应采用绝缘导线，接头不得松动，不得有外露带电部分。

（4）配电箱和开关箱金属箱体、金属电器安装板以及箱内电器的不应带电底座、外壳等必须作保护接零。保护零线应通过接线端子板连接。各种开关电器的额定值应与其控制用电设备的额定值适应。

（5）开关箱中必须装设漏电保护器。漏电保护器应装设在配电箱电源隔离开关的负荷侧和开关箱电源隔离开关的负荷侧。

（6）手动开关电器只许用于直接控制照明电路和容量不大于 5.5kW 的动力电路。容量大于 5.5kW 的动力电路采用自动开关电器或降压启动装置控制。

（7）配电箱、开关箱内的电器必须可靠完好，不准使用破损、不合格的电器。

【小贴士】所有配电箱、开关箱应每月进行检查和维修一次。检查、维修人员必须是专业电工。检查、维修时必须按规定穿戴绝缘鞋、手套，必须使用电工绝缘工具。对配电箱、开关箱进行检查、维修时，必须将其前一级相应的电源开关分闸断电，并悬挂停电标志牌，严禁带电作业。

第二章 测量放线

第一节 测量

（一）建筑尺寸一般知识

（1）房间开间。房间开间指相邻两面墙之间的水平距离，即房间的宽度。房间开间的常见范围有：小型住宅 2.7～3.0m；中型住宅 3.3～3.6m；大型住宅 3.9～5.4m。

（2）房间进深。房间进深指房间的长度，即从前墙到后墙的距离。房间进深的常见范围有：小型住宅 3.6～4.5m；中型住宅 4.8～6.0m；大型住宅 6m 以上。

（3）柱的截面。柱的截面尺寸取决于其所承受的荷载、建筑高度和结构形式。常见的柱截面形状有矩形和圆形，尺寸范围如下：矩形截面的尺寸通常为 300～800mm；圆形截面的直径通常为 300～1000mm。

（4）墙体厚度。常见的墙体厚度有：半砖墙为 120mm；一砖墙为 240mm；一砖半墙为 370mm；两砖墙为 490mm。

（5）梁的高度。梁的高度是根据跨度、荷载和建筑结构要求来确定的。常见的梁高尺寸有：小型梁 200～400mm；中型梁 400～800mm；大型梁 800mm 以上。

（6）梁的宽度。梁的宽度通常与梁的高度保持一定的比例，以保证梁的结构性能。常见的梁宽尺寸为 200～400mm。

（7）楼板厚度。楼板的厚度取决于其材料、跨度、荷载等因素。常见的楼板厚度有：钢筋混凝土楼板 100～150mm；轻质楼板（如木质、金属等）根据所选材料的不同，厚度通常为 10～100mm。

（8）楼梯尺寸。踏步常见的尺寸为 150mm×300mm；楼梯净宽不小于 1100mm，不大于 2400mm。

（9）门窗尺寸。门的宽度通常为 0.8～1.2m，高度通常为 1.9～2.4m；常见门的尺寸：单门 900mm×2400mm，双门 1200mm×2400mm、1500mm×2400mm、1800mm×2400mm、2100mm×2400mm。窗的宽度通常为 1.0～2.0m，高度通常为 1.2～2.4m。

（二）单位的区分

常用的基本单位有长度单位、角度单位、重量单位、面积单位、容积单位等。

1. 长度单位的区分

长度单位常用千米（km）、米（m）、分米（dm）、厘米（cm）、毫米（mm）等。长度单位在各个领域都有重要的作用。

2. 角度单位的区分

角度用于描述角的大小，度是用以度量角的大小的单位，符号为"°"。一周角分为 360 等份，每份为 1 度（1°）。1° 分为 60 等份，每份为 1 分（1'）。1' 再分为 60 等份，则每份为 1 秒（1"）。

3. 重量单位的区分

重量单位常用吨（t）、千克（kg）、克（g）、毫克（mg）等，一般用电子秤或磅秤等进行称重操作。这里所说的重量，实际上是质量，在日常生活中，也常说重量是多少公斤或斤。

4. 面积单位的区分

面积单位常用平方毫米（mm^2）、平方厘米（cm^2）、平方分米（dm^2）、平方米（m^2）、公顷（hm^2）、平方千米（km^2）。常见平面图形的面积计算公式列举如下：

长方形（矩形）：长方形（矩形）面积＝长 × 宽＝ab

正方形：正方形面积＝边长 × 边长＝a^2

平行四边形：平行四边形面积＝底 × 高＝ah

三角形：三角形面积＝底 × 高 ÷2＝$ah/2$

梯形：梯形面积＝（上底＋下底）× 高 ÷2＝$(a+b)h/2$

圆形：圆形面积＝圆周率 × 半径 × 半径 ＝ πr^2

5. 容积单位的区分

容积单位常用升（L）和毫升（mL），也用立方米（m^3）、立方分米（dm^3）、立方厘米（cm^3）等，其中 $1dm^3 = 1L$，$1cm^3 = 1mL$。常见立体图形的容积计算公式列举如下：

长方体：长方体容积＝长 × 宽 × 高 ＝ abh

正方体：正方体容积＝棱长 × 棱长 × 棱长 ＝ a^3

圆柱体：圆柱体容积＝底面积 × 高 ＝ $\pi r^2 h$

圆锥体：圆锥体容积＝底面积 × 高 ÷ 3 ＝ $\pi r^2 h/3$

（三）单位的换算

1. 长度单位的换算

主要长度单位之间的换算关系见表 2-1。

主要长度单位换算表 表 2-1

单位	公制					市制			
	米（m）	分米（dm）	厘米（cm）	毫米（mm）	千米（km）	市寸	市尺	市丈	市里
1m	1	10	100	1000	1×10^{-3}	30	3	0.3	0.002
1dm	0.1	1	10	100	1×10^{-4}	3	0	0.03	2×10^{-4}
1cm	0.01	0.1	1	10	1×10^{-5}	0.3	0.03	0.003	2×10^{-5}
1mm	0.001	0.01	0.1	1	1×10^{-6}	0.03	0.003	0.0003	2×10^{-6}
1km	1000	10000	1×10^5	1×10^6	1	30000	3000	300	2
1市寸	0.033	0.33	3.33	33.33	3.33×10^{-5}	1	0.1	0.01	6.67×10^{-5}
1市尺	0.33	3.33	33.33	333.33	3.33×10^{-4}	10	1	0.1	6.67×10^{-4}
1市丈	3.33	33.33	333.33	3333.33	3.33×10^{-3}	100	10	1	6.67×10^{-3}
1市里	500	5000	50000	5×10^5	0.5	15000	1500	150	1

2. 角度单位的换算

常用角度单位之间的换算关系见表 2-2。

常用角度单位换算表 表 2-2

单位	角度		
	度（°）	分（′）	秒（″）
1°	1	60	3600
1′	1/60	1	60
1″	1/3600	1/60	1

3. 质量单位的换算

常用公制与市制质量单位之间的换算关系见表 2-3。

常用公制与市制质量单位换算表 表 2-3

单位	公制			市制		
	千克（kg）	克（g）	吨（t）	两	斤	担
1kg	1	1000	0.001	20	2	0.02
1g	0.001	1	1.0×10^{-6}	0.02	0.002	0.2×10^{-4}
1t	1000	1000000	1	20000	2000	20
1 两	0.05	50	0.5×10^{-4}	1	0.1	0.001
1 斤	0.5	500	0.0005	10	1	0.01
1 担	50	50000	0.05	1000	100	1

4. 面积单位的换算

常用公制与市制面积单位之间的换算关系见表 2-4。

常用公制与市制面积单位换算表 表 2-4

单位	公制			市制		
	平方米（m²）	公顷（hm²）	平方千米（km²）	亩	分	厘
1m²	1	0.0001	0.000001	0.0015	0.015	0.15
1hm²	10000	1	0.01	15	150	1500
1km²	1000000	100	1	1500	15000	150000
1 亩	666.$\dot{6}$	0.0$\dot{6}$	0.000$\dot{6}$	1	10	100
1 分	66.$\dot{6}$	0.00$\dot{6}$	0.0000$\dot{6}$	0.1	1	10
1 厘	6.$\dot{6}$	0.000$\dot{6}$	0.00000$\dot{6}$	0.01	0.1	1

5. 容积单位的换算

常用容积单位之间的换算关系见表 2-5。

常用容积单位换算表 表 2-5

单位	立方米（m³）	立方分米（dm³）	立方厘米（cm³）	升（L）	毫升（mL）
1m³	1	1000	1000000	1000	1000000
1dm³	0.001	1	1000	1	1000
1cm³	0.000001	0.001	1	0.001	1
1L	0.001	1	1000	1	1000
1mL	0.000001	0.001	1	0.001	1

第二节　放线

（一）放线工具的使用

1. 放线方法的选用

常规放线主要依据解析几何法先进行内业计算后，再用经纬仪与钢卷尺联合放线。常见的放线方法主要有直接拉线法、几何作图法、直角坐标法、极坐标法、直角坐标和计算机辅助法等。各种方法的特点见表 2-6。

放线方法比较 表 2-6

方法	优点	缺点	局限性
直接拉线法	操作简便	精度不高	用于表面平整
几何作图法	施工麻烦，桩点多	精度不高	受场地影响大
直角坐标法	施工操作方便	内业计算量大，易出错	桩点较多
极坐标法	施工操作方便	内业计算量大，易出错	桩点较多
直角坐标和计算机辅助法	施工简便，精度较高，内业计算工作量小		不受施工场地限制，自动校正

2. 放线工具的使用

常用放线工具有钢卷尺、经纬仪、水准仪、全站仪、激光水平仪等。

1）钢卷尺

钢卷尺尺宽 1～1.5cm，长度有 20m、30m、50m 等。常用的钢卷尺全尺刻有毫米分划，在每厘米、每分米及每米的分划线处均注有数字。由于钢卷尺的零点位置不同，又分为端点尺与刻线尺。端点尺如图 2-1（a）所示，是以钢卷尺的外端点为零点。刻线尺如图 2-1（b）所示，在尺的起始端刻有一细线作为尺的零点。

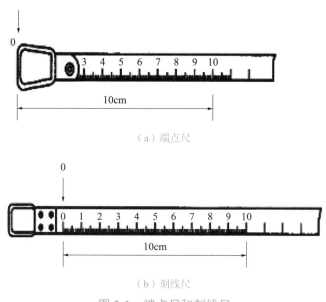

（a）端点尺

（b）刻线尺

图 2-1　端点尺和刻线尺

2）经纬仪

经纬仪的结构如图 2-2 所示。经纬仪的操作如下：

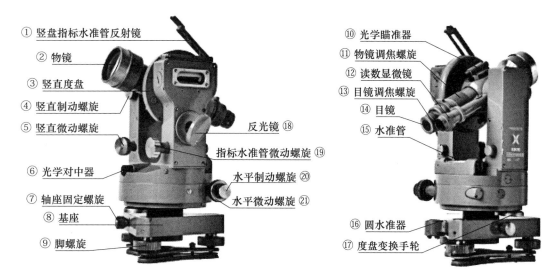

① 竖盘指标水准管反射镜
② 物镜
③ 竖直度盘
④ 竖直制动螺旋
⑤ 竖直微动螺旋
⑥ 光学对中器
⑦ 轴座固定螺旋
⑧ 基座
⑨ 脚螺旋

反光镜 ⑱
指标水准管微动螺旋 ⑲
水平制动螺旋 ⑳
水平微动螺旋 ㉑

⑩ 光学瞄准器
⑪ 物镜调焦螺旋
⑫ 读数显微镜
⑬ 目镜调焦螺旋
⑭ 目镜
⑮ 水准管

⑯ 圆水准器
⑰ 度盘变换手轮

图 2-2　经纬仪的结构

（1）安置经纬仪

安置仪器时，先张开三脚架，放在测站点上，使脚架头大致水平，架头中心大致对准测站标志，同时注意使脚架的高度适中，以便观测；然后装上仪器，旋紧中心连接螺旋。

（2）经纬仪的对中

调节好光学对中器⑥，固定三脚架的一条腿于适当位置作为支点，两手分别握住另外两条腿提起并作前后左右的微小移动；在移动的同时，从光学对中器⑥中观察，使地面标志中心成像于对中器的中心小圆圈内，然后放下两架腿，固定于地面上。其对中误差一般小于 1mm。

（3）经纬仪的整平

整平分为粗平和精平。粗平方法：调节伸缩三脚架腿直至使仪器圆水准器⑯气泡居中；精平步骤为：转动脚螺旋⑨使照准部管水准器（水准管⑮）气泡居中，从而保证仪器的竖轴竖直和水平度盘水平。整平时，转动仪器的照准部，使水准管⑮平行于任意一对脚螺旋⑨的连线，左、右手转动脚螺旋，使气泡居中。再将仪器绕竖轴旋转 90°，使管水准器（水准管⑮）与原两脚螺旋的连线垂直，转动第三只脚螺旋，使气泡居中，如图 2-3 所示。

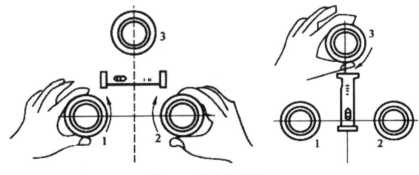

图 2-3　经纬仪的整平

只有连续两次将仪器绕竖轴旋转 90° 后，管水准器（水准管⑮）仍然居中，方为合格；否则，依照上述方法继续调整，直至合格为止。

（4）经纬仪的瞄准与读数

瞄准：首先是目镜⑭调焦，把望远镜对着明亮的背景，转动目镜调焦螺旋⑬，使望远镜十字丝成像清晰；再进行粗略瞄准，松开经纬仪的水平制动螺旋⑳和竖直制动螺旋④，转动望远镜，通过粗瞄准器照准目标的底部，调整物镜调焦螺旋⑪，使目标成像清晰，拧紧水平制动螺旋⑳和竖直制动螺旋④。调整水平微动螺旋㉑和竖直微动螺旋⑤，使单根十字丝竖丝与目标中线重合，双根十字丝竖丝夹准目标，十字丝的中丝与目标点相切。

读数：瞄准目标后，打开采光窗，调整反光镜的位置，使读数窗明亮，再调整读数显微镜调焦螺旋，使读数清晰，根据读数装置来正确读取读数。同时，记录员将所测方向读数值记录在测量手簿中。

3）水准仪

水准仪结构图如图 2-4 所示。水准仪的操作如下：

（1）安置水准仪

在测站上安置三脚架，调节架腿使其高度适中，目估使架头大致水平，检查脚架伸缩螺旋是否拧紧。打开仪器箱，取出水准仪置于三脚架头上，用连接螺旋把水准仪与三脚架头固定连接在一起，如图 2-5 所示。安置时，一手扶住仪器，一手用中心连接螺旋将仪器牢固地连接在三脚架上，以防仪器从架头滑落。

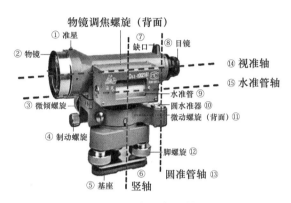

图 2-4 水准仪结构图 　　　图 2-5 水准仪架设

（2）水准仪粗略整平

先将三脚架中的两架脚踏实，然后操纵第三架脚左右、前后缓缓移动，使圆水准器⑩气泡基本居中，再将此架脚踏实，然后调节脚螺旋⑫使气泡完全居中。调节脚螺旋⑫的方法如图 2-6 所示，在整平过程中，气泡移动的方向与左手（右手）大拇指转动方向一致（相反）。有时要按上述方法反复调整脚螺旋，才能使气泡完全居中。

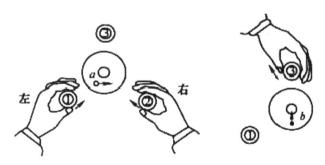

图 2-6 圆水准器气泡居中

（3）水准仪瞄准水准尺

a. 首先进行目镜⑧对光，即把望远镜对着明亮背景，转动目镜调焦螺旋使十字丝成像清晰。

b. 松开制动螺旋④，转动望远镜，用望远镜筒上部的准星①和照门大致对准水准尺后，拧紧制动螺旋④。

c. 从望远镜内观察目标，调节物镜②调焦螺旋，使水准尺成像清晰。

d. 最后用微动螺旋⑪转动望远镜，使十字丝竖丝对准水准尺的中间稍偏一点，以便进行读数。

（4）消除水准仪视差

消除视差的方法是反复进行目镜⑧和物镜②调焦。直至眼睛上、下移动，读数不变为止。此时，从目镜⑧端所见十字丝与目标成像都十分清晰。

（5）水准仪的精平与读数

a. 精确整平。调节微倾螺旋③，使目镜⑧左边观察窗内的符合水准器的气泡两个半边影像完全吻合，这时水准仪视准轴⑭处于精确水平位置。精平时，由于气泡移动有一个惯性，所以转动微倾螺旋③的速度不能太快。只有符合气泡两端影像完全吻合而又稳定不动，才表示水准仪视准轴⑭处于精确水平位置。带有水平补偿器的自动安平水准仪不需要这项操作。

b. 读数。符合水准器气泡居中后，即可读取十字丝中丝在水准尺上的读数。直接读出米、分米和厘米，估读出毫米。一般的水准仪多采用倒像望远镜，因此读数时应从小到大，即从上往下读。也有正像望远镜，读数与此相反。

c. 精确整平与读数虽是两个不同的操作步骤，但在水准测量的实施过程中，却把两项操作视为一体，即精平后再进行读数。读数后还要检查水准管⑨气泡是否完全符合，只有这样，才能读取准确的读数。

d. 当改变望远镜的方向做另一次观测时，水准管⑨气泡可能偏离中央，必须再次调节微倾螺旋③，使气泡吻合才能读数。

（6）普通水准仪一般性检验

a. 水准仪校正之前，应先进行一般性的检验，检查各主要部件是否能起有效的作用。

b. 安置仪器后，应检验望远镜成像是否清晰，物镜②对光螺旋和目镜⑧对光螺旋是否有效，制动螺旋④、微动螺旋⑪、微倾螺旋③是否有效，脚螺旋⑫是否有效，三脚架是否稳固等。

4）全站仪

用全站仪放样的步骤包括测量准备、建站定向、设置放样点坐标和实施放样。

（1）测量准备

全站仪放样用到的仪器工具如图 2-7 所示。

在测站点 A 安置全站仪，对中整平，在后视点 B 竖立棱镜，如图 2-8 所示。

（2）建站定向

点击"建站"，进行已知点建站和后视检查，完成建站定向，如图 2-9 所示。

输入测站点坐标，如图 2-10 所示。

图 2-7　全站仪坐标放样仪器工具

图 2-8　全站仪放置

图 2-9　建站定向

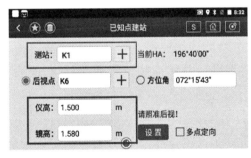

图 2-10　输入测站点坐标

设置后视点坐标或方位角，如图 2-11 所示。

照准后视，进行后视点设置，完成建站，如图 2-12 所示。

（3）设置放样点坐标

进入点放样界面，输入或者调取放样点坐标，如图 2-13 所示。

图 2-11　设置后视点

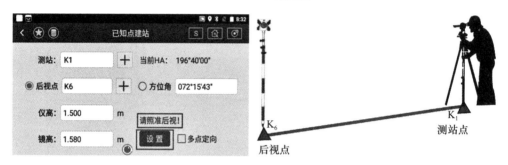

图 2-12　照准后视

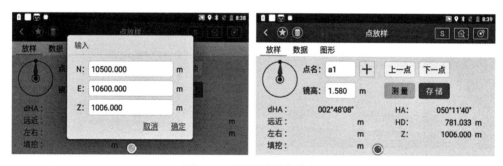

图 2-13　设置放样点坐标

（4）实施放样

旋转仪器直到 dHA 为 0°00′00″，指挥立尺员移动棱镜。程序自动计算，得到棱镜前后移动的距离。根据提示，不断反复"测量"并移动棱镜直到 dHA 和前后、挖填全部为 0，则找到放样点。如图 2-14 所示。

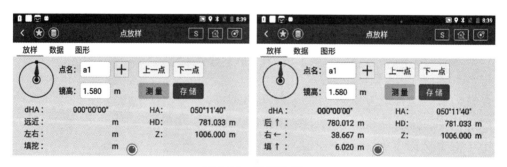

图 2-14　实施放样

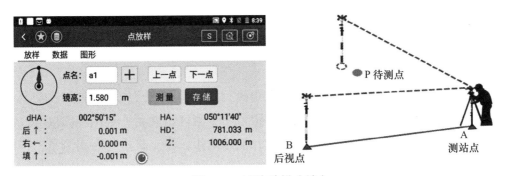

图 2-14　实施放样（续）

5）激光水平仪

激光水平仪是一种智能化显示装置仪器，通过投射光线，直观地展示区域水平、垂直情况，常搭配脚架使用，如图 2-15 所示。

激光水平仪的使用方法很简单，首先打开开关，水平仪上一般有自动校正系统，如果不平它会自动发出声音，水平之后就没有声音了。测量时，待气泡完全静止后方可进行读数。

为避免由于水平仪零位不准引起的测量误差，使用前必须对水平仪的零位进行校对。

激光水平仪的使用可扫描二维码观看视频 2-1。

图 2-15　激光水平仪　　　　　　　　　视频 2-1　激光水平仪的使用

（二）现场放线与图纸位置的对应

1. 测量放线基本知识

1）控制点

在进行测量放线工作之前，首先需要选取合适的控制点。一般来说，控制点应选取在不易受外界干扰、视野开阔且能长期保存的地方。埋设控制点时，需采用坚固的基座和标志，确保点位的稳定和长期有效。

2）放线

放线主要包括设置导线、角度测量和距离测量等步骤。首先，根据工程需要和设计要求，合理设置导线网，确保导线能够覆盖整个测区。然后，利用经纬仪等仪器进行角度测量，确保导线网的准确性。同时，使用测距仪等工具进行距离测量，精确计算各导线点的坐标。

3）沉降观测

在工程建设和使用过程中，由于地基土质的差异、施工荷载的变化等因素，建筑物可能会出现沉降现象，需通过沉降观测及时发现安全隐患。在进行沉降观察时，需要选择合适的观测点，定期测量各点的高程变化，绘制沉降曲线图，分析建筑物的沉降趋势和速率。

4）拉线和弹线方法

为保证放线精度，放线时需注意采用正确的弹线方式。工人用手把线掂起来的时候，要保证线所在的平面和被弹线的面成90°直角，否则线就会弯。若是两个人拉线，站在同一侧或者不同侧都是错误的，要面对面站立，如图2-16所示。

铅笔画好点后，一个人按在点上，另一个负责弹线的人拉线的时候则要把线延长一点。弹线的人把线掂起来，闭上一只眼睛，另一只眼睛瞄准，眼睛、线绳和铅笔画的点三点成一线，如图2-17所示。

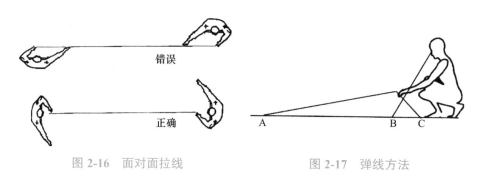

图2-16　面对面拉线　　　　　　图2-17　弹线方法

2. 现场放线与图纸位置的对应

现场放线与图纸位置对应最直观的方法就是先把现场的方位与图纸结合起来，找出图纸和现场的对应点，比如柱、结构墙等，从这些地方开始，按图纸所标明的尺寸放线。如果遇到图纸与现场实际不符合的情况，必须做好记录，在现场验线时提出。

施工现场放线与图纸位置对应的方法如下：

（1）进场后首先对房主提供的施工图进行复核，以确保设计图纸尺寸无误。

（2）按照图纸的设计要求并结合现场条件，建立控制坐标和水准点。水准点由永久水准点引入，应采取保护措施，确保水准点不被破坏。

（3）对现场的坐标和水准点进行检查，发现误差过大时应进行处理，经确认后方可正式定位放线。

（4）取工程纵横向的主轴线作为现场控制网轴线，组成现场控制网。工程的其他轴线依据主轴线位置确定。

（5）工程定位后要对照图纸进行复核验收，合格后方可开始施工。

3. 工程案例

实际工程放线案例如图 2-18 所示。

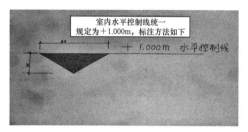

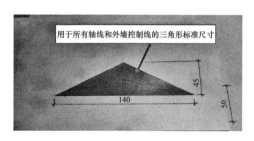
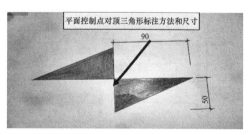
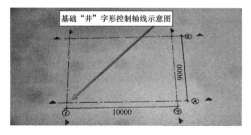

图 2-18　实际工程放线案例

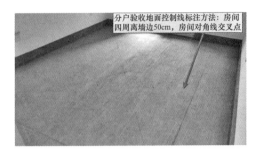
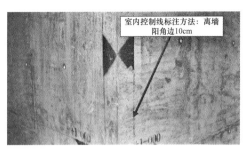

图 2-18　实际工程放线案例（续）

第三章　工程施工

第一节　加工制作

（一）管线加工安装

1. 电线管加工制作安装

电线管安装是将导线按现场需要在墙体、地面或天花板的表面或内部固定的操作过程，常见的安装根据安装线路负载情况有桥架式安装、施工预埋式安装、明装式安装、线槽式安装等方式，如图 3-1 所示。

（a）桥架式安装

（b）施工预埋式安装

（c）明装式安装

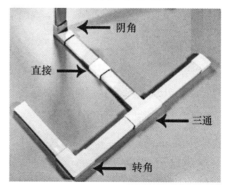
（d）线槽式安装

图 3-1　电线管安装种类示意

　　线管是一种常用的电线电缆保护材料，常用的有两种，分别为 PVC 管（硬化聚氯乙烯管）和金属管，金属管又分为 KBG 管（扣压式薄壁钢管）、JDG 管（紧定式薄壁钢管）和 SC 管（焊接钢管），如图 3-2 所示。近年来因 PVC 线管施工方便，逐渐代替了钢管。管线敷设分为明装和暗装两种模式，明装就是安装后在墙体表面，暗装有两种方式，一种是在墙体砌筑时将 PVC 线管预埋，另一种是墙体开槽式安装。下面介绍开槽式 PVC 穿线管安装步骤。

（a）PVC 管　　　　　　　　　　（b）KBG 管

（c）JDG 管　　　　　　　　　　（d）SC 管

图 3-2　常用电气线管

　　1）准备工作

　　在进行 PVC 穿线管安装之前，需要先确定好敷设线路的走向，计算好所需的穿线管长度。同时，需要准备好所需的工具和材料，如无尘开槽切割机、PVC 穿线管、电锤及适用钻头、电动螺丝刀、割刀、尖头（平头）凿子、手锤、记号笔、自攻螺钉及胀塞等。部分工具如图 3-3 所示。

　　2）测量和标记

　　线盒、电箱定位必须严格按照图纸尺寸进行，位置必须准确无误。标高控制以建筑 1 米线为基准线，对线盒标高进行弹线定位。使用量具和墨斗或记号笔等进行测量和标记，如图 3-4 所示。放线时综合考虑墙内预埋的水管、其他线管等，并确保一定的安全距离，确定好穿线管的起点和终点，并绘制出穿线管敷设的轨迹。

3）开槽

线管开槽控制线要求：线管间距≥10mm、线管与砌体墙间距≥10mm，开槽控制线宽度＝线管外径＋线管间距＋线管距墙间距，开槽控制线布置清晰合理；原则上不允许水平开槽，如必须水平开槽的，水平开槽长度不得大于300mm。

开槽机及水箱如图3-5所示，开槽机水箱内保持充足的水，使用无尘开槽机在标记好的位置开挖线槽。水箱的水能够保障开槽作业中的除尘和冷却切割片，并注意水箱水位，确保不能中断供水。采用专用开槽机开槽（图3-6），严禁采用电锤或人工开槽，线槽开槽深度＝线管外径＋不小于15mm的保护层。

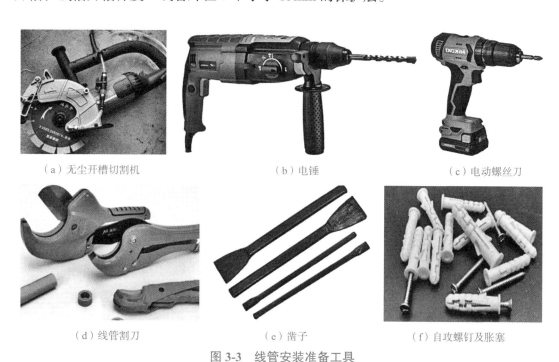

（a）无尘开槽切割机　　　　　　（b）电锤　　　　　　　　（c）电动螺丝刀

（d）线管割刀　　　　　　　（e）凿子　　　　　　（f）自攻螺钉及胀塞

图3-3　线管安装准备工具

图3-4　放线

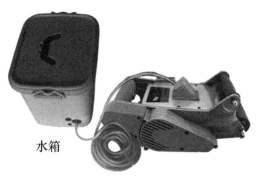

水箱

图3-5　开槽机及水箱

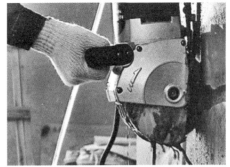

图 3-6　开槽作业

4）剔槽

使用尖凿子或平凿子对用切割机切割不到的部位进行修正，并清理干净槽内杂物，确保内部平坦，无突出、不损伤线管，剔槽应采用人工剔槽，严禁电锤剔槽，避免破坏砌体结构，如图 3-7 和图 3-8 所示。

5）线槽内洒水湿润

浮灰清理后线盒固定前必须对线槽进行浇水浸湿，使墙体充分湿润，如图 3-9 所示。

图 3-7　剔槽　　　　　图 3-8　剔槽后清理　　　　图 3-9　槽内洒水湿润

6）线盒固定

线盒固定前根据布置好的线盒定位点设置好灰饼，以便控制线盒进出，喷浆前采用透明胶带将灰饼保护起来，粉刷前将胶带清除；线盒固定采用 1∶2 水泥砂浆进行修补，分两次施工，如图 3-10 所示。

7）安装穿线管

按照规定所要求的距离，对槽内打孔安装胀塞及线管支架，固定间距以 800～1000mm 为宜，并粉刷防水涂料 2 遍。根据所需长度使用线管割刀将 PVC 穿线管切割、修整备用，并使用刮刀清理修整处的毛刺和锐边，使其边缘光滑（图 3-11）。

将修整好的 PVC 线管卡入已安装墙槽的管卡中，并且连接顺畅。若需要连接多段穿线管，可以使用管箍对线管进行连接。连接后，应检查连接处是否牢固（图3-12）。

图3-10　线盒固定

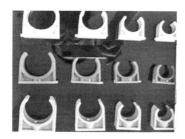

图3-11　非金属管卡　　　　图3-12　打孔安装胀塞

8）补槽

在修补前用水对线槽进行洒水冲洗，使线槽充分湿润。对于4根以下线槽采用1∶2水泥砂浆进行修补，严格控制砂浆比例，严格实施分层修补。对于5根及以上比较密集的线槽，线管间距应控制在10mm以上，采用不低于C20细石砂浆进行修补，采用模板对线槽进行固定，模板比线槽最宽处宽100mm，浇捣细石混凝土并振捣密实（图3-13）。

9）线槽刮糙处理

补槽完成后2h左右对线槽进行刮糙处理，如图3-14所示。

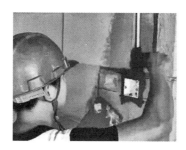

图3-13　补槽图　　　　　图3-14　线槽刮糙处理

10）洒水养护

补槽完成后必须对线槽修补处进行洒水养护，避免线槽出现空鼓开裂现象，如图 3-15 所示。

11）抗裂砂浆修补挂网

挂网宽度＝线槽宽度＋左右两边各 100mm，确保交房后线槽位置无空鼓开裂风险，如图 3-16 所示。

12）成品保护

水电二次配管完成后，喷浆前必须对线盒及电箱进行成品保护，防止交叉施工污染，线盒采用成品保护盖板进行保护，电箱采用泡沫板进行防护，如图 3-17 所示。

  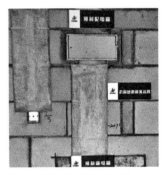

图 3-15　洒水养护　　　图 3-16　抗裂砂浆修补挂网　　　图 3-17　盖板保护

13）穿线缆

穿线缆常用穿线器穿线，有电动的也有手动的，它通过摇动慢慢来拉动内部所穿的带丝。

操作方法如下：

第一步，在抽线时把带丝与电线的一头绑扎牢固。然后利用穿线器慢慢地把里面的电线抽出来，一定要保持慢速度进行。

第二步，利用带丝把电线绑扎牢固，这时就可以摇动或者打开穿线的机器，然后慢慢地利用带丝把电线穿进去。这种方法基本上可以穿任何形式的电线。

14）结束工作

在所有电线电缆都被成功安装后，进行最后的检查，确保线缆布线的完整性和安全性。清理现场，并将工具和材料归位。

2. 排水管加工制作安装

1）安装准备

使用工具：电锤及合适钻头、手锤、1～2 寸毛刷、抹布、螺丝刀、钢锯、切割机、钢卷尺、板锉、记号笔等。

使用材料：PVC 管及配套管件、管卡等，在有效期内的 PVC 粘胶，如图 3-18～图 3-20 所示。

图 3-18 PVC 管件　　　　图 3-19 PVC 管卡　　　　图 3-20 PVC 粘胶

2）根据现场需要，安装管线时画线定位，确定管卡位置，然后画出记号，准备打孔。

3）用电钻配合合适钻头打孔后，并安装管卡，如图 3-21 和图 3-22 所示。

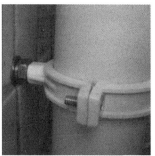

图 3-21 电钻打孔　　　　　　图 3-22 安装管卡

4）用钢卷尺测量管线长度，用钢锯或切割机根据长度截取合适的长度，如图 3-23 和图 3-24 所示。

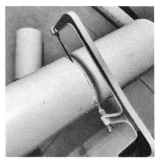

图 3-23 测量安装位置管线长度　　　　图 3-24 切割管材

5）在粘接前应用板锉等工具对插口进行倒角，倒角角度宜为 15°～30°，端口的剩余厚度不应小于管材壁厚的 1/2，并用抹布等清理管材及管件端口，如图 3-25 所示。

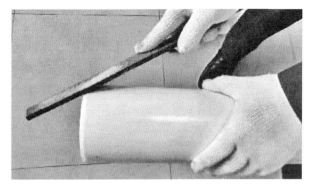

图 3-25 插口倒角

6）管材应根据管件实测承口深度在管端表面划出插入深度标记，在粘接前应对管材和管件进行试插，插入深度应为 2/3 和 3/4，如图 3-26 所示。

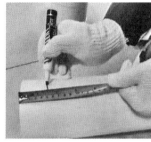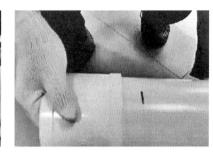

图 3-26 划标记与试插

7）粘结剂涂刷时应先涂刷管件承口内侧，然后再涂刷管材插口外侧。管材插口涂刷应为管端至插入深度标记范围内。粘结剂涂刷应迅速、均匀、适量，不得漏涂，如图 3-27 所示。

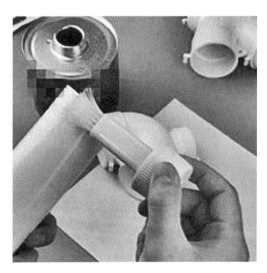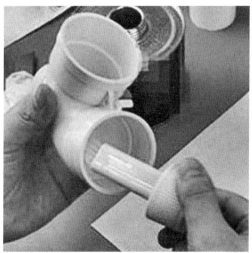

图 3-27 涂刷粘结剂

8）管材应一次性插入管件，直至标记位置，这个时候把管件在管材上旋转90°，使管件和管材上涂刷的粘结剂分布更加均匀，粘接更加牢固。整个粘接过程宜在20～30s内完成。

9）粘接工序结束后，及时将残留在承口外部的粘结剂擦拭干净，如图3-28所示。粘接部位1h内不宜受外力作用；高层建筑中采用粘接的雨水管道，在粘接后的24h内不得进行灌水试验（图3-29）。

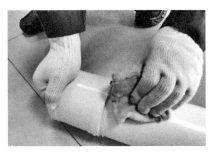

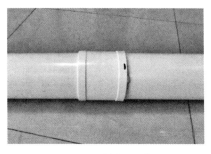

图 3-28　擦拭粘结剂　　　　　图 3-29　粘接完成

10）注意事项

（1）直径小于或等于75mm的PVC排水管，最小坡度为1/50，即每米下降20mm；弯管的坡度为1/25，即每米下降40mm。

（2）在操作过程中要注意安全，避免吸入或接触粘结剂等有害物质。

（3）选择合适的粘结剂是关键，要根据应用场景和要求进行选择。涂胶时要均匀涂刷，避免过多或过少涂胶影响粘接效果。施加压力时要控制压力大小，避免过大的压力导致PVC线管或金属变形。

（4）在干燥时间内要确保粘结剂已经完全固化，达到足够的粘结强度。在后处理过程中要选择合适的处理方法，以满足实际需求和使用要求。

（二）其他配件归类方法

1. 阀门

1）按用途和作用分类

（1）截断阀类：主要用于截断和导通介质流。该类阀门包括闸阀、截止阀、隔膜阀、球阀、旋塞阀、蝶阀等。

（2）调节阀类：主要用于调节介质的流量和压力等，包括调节阀、减压阀、节流阀等。

（3）止回阀类：主要用于防止介质倒流，包括各种结构的止回阀。

（4）分流阀类：主要用于改变管路中介质的流向，起分配、分流或混合介质的作用，包括各种结构的分配阀、疏水阀等。

（5）安全阀类：主要用于系统超压安全保护，排放多余介质，包括各种类型的安全阀。

以上阀门见图 3-30。

（a）闸阀	（b）截止阀	（c）隔膜阀	（d）球阀

（e）旋塞阀	（f）蝶阀	（g）调节阀	（h）减压阀

（i）节流阀	（j）止回阀	（k）分配阀	（l）疏水阀	（m）安全阀

图 3-30　常见阀门

2）常见阀门

（1）截止阀

截止阀是给水排水系统及供暖系统中采用最广泛的阀门。其结构简单，密封性好，维修方便，在管道系统中起开启、关闭流体的控制作用。其安装有方向性，必须按阀体上的箭头指向安装。截止阀连接方式分为螺纹连接和法兰连接两种，如图 3-31 所示。

（a）法兰连接　　　　　　　　　　　（b）螺纹连接

图 3-31　截止阀

（2）闸阀

闸阀阻力小，开启、关闭力小，介质可以向任一方向流动，所以安装无方向性。它适合于给水、排水、供热和气体等管道系统作为切断和截流之用，室外给水管网大多采用闸阀。闸阀分为明杆式和暗杆式，驱动方式有手动、电动、液动和气动等多种，大口径的闸阀多用电动机驱动。闸阀如图 3-30（a）所示。

（3）蝶阀

蝶阀是一种体积小、结构紧凑、构造简单、开关迅速和安装方便的阀门，常用于给水管道上，有手柄式、涡轮传动式、电动式、液动式和气动式。蝶阀使用时阀体不易漏水，但密封性较差，不易关闭严密，故适用于低压常温水系统。蝶阀如图 3-30（f）所示。

（4）止回阀

止回阀是一种依靠介质本身流动而自动开、闭阀瓣，用来防止介质倒流的阀门，又称单向阀、逆止阀，具有严格的方向性。止回阀常用于给水系统中。阀体均标有方向箭头，不得装反。止回阀如图 3-30（j）所示。

（5）旋塞阀

旋塞阀是一种关闭件（塞子）绕阀体中心线旋转来开启和关闭的阀门，其结构简单、操作方便、开关迅速、阻力较小，在管道中主要的作用为切断、分配和改变介质流动方向，主要用于低压、小口径和介质温度不高的场合。当手柄与阀体成平行状态则为全开启，当手柄与阀体垂直时则为全关闭。旋塞阀如图 3-30（e）所示。

2. 管件

管件是管道系统中起连接、控制、变向、分流、密封、支撑等作用的零部件的统称。管件的主要品种有弯头、异径管、三通、四通、加强管嘴、管帽、螺纹短节等。

弯头品种又分为45°弯头、90°弯头和180°弯头，如图3-32所示，其类别分为长半径弯头（弯头的曲率半径为1.5DN）、短半径弯头（弯头的曲率半径为1.0DN）、异径弯头（弯头的曲率半径是大端的1.5DN）。部分常用管件如图3-33～图3-35所示。

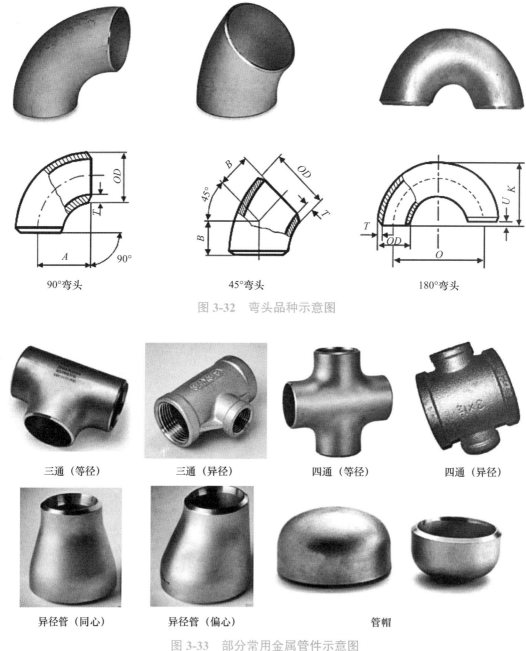

图3-32　弯头品种示意图

图3-33　部分常用金属管件示意图

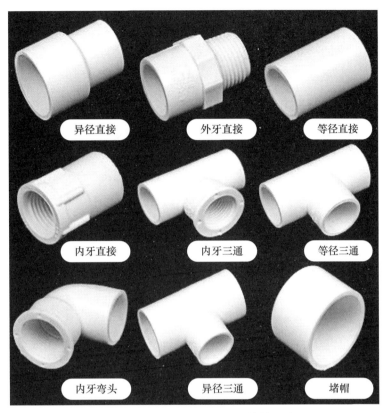

图 3-34 部分给水常用非金属管件示意图

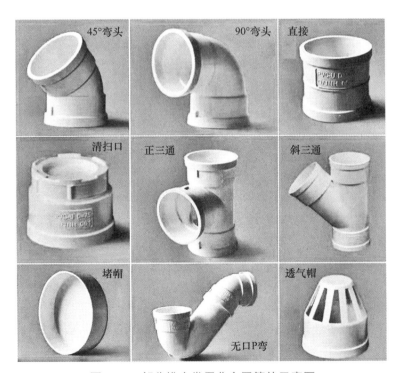

图 3-35 部分排水常用非金属管件示意图

3. 灯具

（1）吊灯：适用于客厅，其花样多，但是要求空间足够大，缺点是容易积累灰尘，不易清理，安装效果见图3-36。

（2）吸顶灯：可直接装在天花板上，安装方便，造型简单，安装效果见图3-37。

图3-36　吊灯

图3-37　吸顶灯

（3）落地灯：主要用于局部照明，移动较为便利，利于营造角落气氛，一般放在沙发的拐角处，安装效果见图3-38。

（4）壁灯：适用于卧室、卫生间，安装效果见图3-39。

图3-38　落地灯

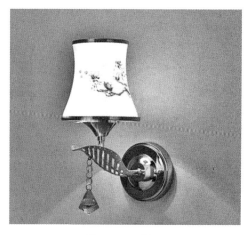

图3-39　壁灯

（5）台灯：客厅、卧室等用装饰台灯，工作台、学习台用节能护眼台灯，安装效果见图3-40。

（6）筒灯：适用于卧室、客厅、卫生间的周边天花板上。嵌于天花板内，光线向下投射，可以用反射器、镜片获得不同的光线效果，安装效果见图3-41。

（7）射灯：适用于天花板四周或家具上部，制造重点突出、层次丰富的视觉效果，安装效果见图3-42。

图 3-40　台灯

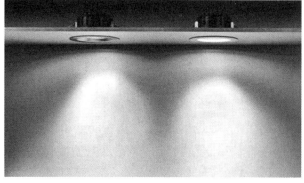

图 3-41　筒灯

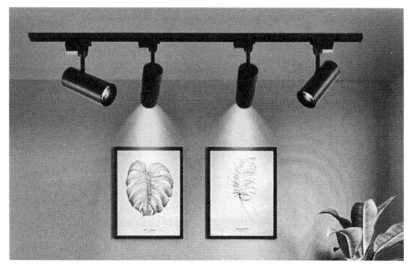

图 3-42　射灯

（8）浴霸：按取暖方式可分为两种：红外线取暖、暖风机取暖，市场上以前者为主。按功能分为两种：三合一（照明、取暖、排风）、二合一（照明、取暖）。按安装方式分为三种：明装浴霸、暗装浴霸、壁挂式浴霸，如图 3-43 所示。

（a）明装浴霸

（b）暗装浴霸

（c）壁挂式浴霸

图 3-43　浴霸

4. 开关插座

1）按照使用习惯分类

开关插座按照安装尺寸可分为暗装 86 型、暗装 118 型、暗装 120 型和明装型。

（1）暗装 86 型

暗装 86 型是指边长尺寸为 86mm 的正方形面板开关插座，适用于照明线路和开关插座在墙里暗设的情况，需要先预埋底盒，如图 3-44 所示。

图 3-44　暗装 86 型开关插座

（2）暗装 118 型

暗装 118 型是指面板尺寸长 × 高为 118mm×74mm 的长方形面板开关插座，模块按大小分为 1/3、1/2、1 位三种，该类型适用于照明线路和开关插座在墙里暗设的情况，需要先预埋底盒，如图 3-45 所示。

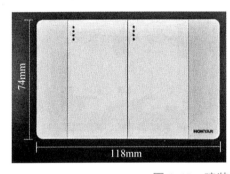

图 3-45　暗装 118 型开关插座

（3）暗装 120 型

暗装 120 型是指面板高度为 120mm 的开关插座。120 型开关外形尺寸有两种，一种为单连（70mm×120mm），另一种为双连（120mm×120mm），模块按大小分为 1/3、2/3、1 位三种。该类型适用于照明线路和开关插座在墙里暗设的情况，需要先预埋底盒，如图 3-46 所示。

（a）暗装 120 型一开关

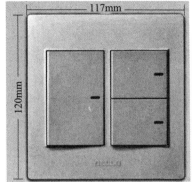
（b）暗装 120 型二开关

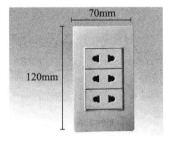
（c）暗装 120 型一插座

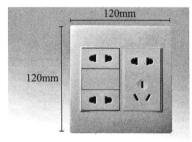
（d）暗装 120 型二插座

图 3-46　暗装 120 型开关插座

（4）明装型

明装型是指自带底盒、不用开槽、可直接安装在墙面的开关插座类型，如同 3-47 所示。

图 3-47　明装型与暗装型对比

2）按照使用功能分类

按照使用功能可分为单控开关、双控开关、多控开关。

（1）单控开关：单控开关指的是只有两个接线柱的开关（一进一出），它只能在一个地方控制灯的开和关。这类开关一般用在卫生间、厨房等。

（2）双控开关：双控开关有三个接线柱（一进二出），可以在两个不同的地方控制同一个灯的开和关。例如，在卧室的门口和床边分别装上一个这样的开关，躺在床上时就不必下床走到门口去关灯。经常使用的地方有：厨房和客厅之间；比较大的客厅两头；卧室的门口和床边；阳台内外两侧等。

（3）多控开关：多控开关可以实现在三个或者更多的地方控制灯的开和关。这种开关通常用在需要多个控制点的大型房间或空间中。

除了上述的基本类型外，还有许多其他类型的开关，如声光控延时开关、触摸延时开关、门铃开关、调速（调光）开关、插卡取电开关等。

在选择开关时，还需要考虑开关的质量、安全性以及是否符合国家现行标准和认证。例如，开关插座的材质、触点材料、接线方式等因素都会影响产品的质量和使用寿命。

第二节　现场施工

（一）给水排水管道支架、吊架安装方法

给水排水工程是工程项目的重要组成部分，其施工质量将直接影响建筑物的正常使用和安全问题。给水管道支架、吊架安装相对比较简单，往往不能引起人们足够的重视，由此引起的工程质量问题也是十分常见的。

1. 给水管道支架、吊架安装要点

1）给水管道支架制作要点

首先根据设计要求定出固定支架的位置；根据管道设计标高，把同一水平面直管段的两端支架位置画在墙上或柱上。根据两点间的距离和坡度大小，算出两点间的高度差，标在末端支架位置上；在两高差点拉一条直线，按照支架的间距在墙上或柱上标出每个支架位置，如图 3-48 所示。如果土建施工时，在墙上预留有支架孔洞或在钢筋混凝土构件上预埋了焊接支架的钢板，应采用上述方法进行拉线校正，然后标出支架实际安装位置。

2）管道支架安装方法

支架结构多为标准设计，可按国标图集要求集中预制。现场安装中，托架安装工序较为复杂，可结合实际情况可用栽埋法、膨胀螺栓法、预埋法、射钉法、抱柱法安装。

图 3-48　激光放线

（1）栽埋法。在安装墙面开出一定容积的孔洞，放入支架后灌入水泥砂浆，填塞碎石挤实洞口，抹平洞口处灰浆，如图 3-49 所示。若孔洞较大还可考虑灌入砂浆（混凝土），然后定期喷水养护，待砂浆（混凝土）凝固（常温下约 15 天）后使用。其特点是周期长，但固定牢固。

（2）膨胀螺栓法。按放线位置，打出固定膨胀螺栓配套的孔洞，装上支架后拧紧螺栓，如图 3-50 所示。其特点是灵活，安装快捷方便，即装即用，施工周期短。

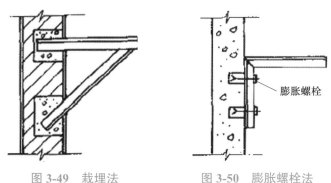

图 3-49　栽埋法　　　　　图 3-50　膨胀螺栓法

（3）预埋法。在墙面上预埋螺栓，螺栓上再安装固定支架，如图 3-51 所示。其特点是固定牢固，但需要协调墙面施工，周期长。

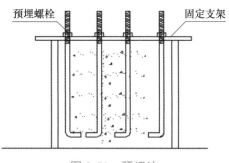

图 3-51　预埋法

（4）射钉法。用射钉枪射入长度为8～12mm的射钉固定相关支架，如图3-52所示。其特点是灵活、方便，但不宜固定较重设备。

（5）抱柱法。当管道沿柱子安装时，可用抱柱法安装支架，如图3-53所示。其特点是固定牢固，但成本较高。

图3-52　射钉法

图3-53　抱柱法

2. 安装距离及注意事项

管道的安装需要严格按照相应规范执行，尤其是在保证安全和美观的前提下进行安装。安装支架时，应选择合适的支架类型和固定方式，并合理设置支架间距，以确保管道的安全和稳定。

1）支架、吊架的安装距离

一般来说，支架、吊架的安装距离应结合安装场所、安装方式及介质、压力等综合考虑，表3-1～表3-4给定的是基本的安装距离要求。

塑料给水管道的支架、吊架最大间距　　　　　　　　　表3-1

公称直径（mm）		15	20	25	32	40	50	63	75	90	110	160
支架、吊架的最大间距（m）	立管	0.8	0.9	1.0	1.1	1.3	1.6	1.8	2.0	2.2	2.4	2.6
	水平管	0.5	0.6	0.7	0.8	0.9	1.0	1.1	1.2	1.35	1.55	1.7

注：塑料管采用金属管卡做支架时，管卡与塑料管之间应用塑料带或橡胶物隔垫，并不宜过大或过紧。

钢管管道支架、吊架最大间距　　　　　　　　　表3-2

公称直径（mm）		15	20	25	32	40	50	65	80	100	125	150	200	250	300
支架、吊架的最大间距（m）	保温管	2	2.5	2.5	2.5	3	3	4	4	4.5	6	7	7	8	8.5
	不保温管	2.5	3	3.5	4	4.5	5	6	6	6.5	7	8	9.5	11	12

铜管管道支架、吊架最大间距 表 3-3

公称直径（mm）		15	20	25	32	40	50	65	80	100	125	150	200
支架、吊架的最大间距（m）	立管	1.8	2.4	2.4	3.0	3.0	3.0	3.5	3.5	3.5	3.5	4.0	4.0
	水平管	1.2	1.8	1.8	2.4	2.4	2.4	3.0	3.0	3.0	3.0	3.5	3.5

塑料排水管道支架、吊架最大间距 表 3-4

管径（mm）		50	75	110	125	160
支架、吊架的最大间距（m）	立管	1.2	1.5	2.0	2.0	2.0
	横管	0.5	0.75	1.10	1.30	1.6

2）支架、吊架制作及安装要求。

（1）管道卡码螺栓处露以 2～5 个螺距为宜，并应安装平介子，紧固螺母，如图 3-54 所示。

（2）支架必须先刷油漆后安装，按规定应刷二遍防锈漆，外加二遍面漆。

（3）支架所有孔必须采用钻孔，不得使用气割开孔。

（4）膨胀螺栓的深度应充分考虑批荡层的厚度。

（5）管道支架的水平度、垂直度以 ±1mm/m 误差为宜。

（6）管道支架底板如采用角钢代替时，应采用比主型材大一号角钢并旋转 90° 安装。

（7）室内给水管道的安装应避免与电信、电力等管道并排布置，以免发生交叉干扰。

（8）管道的支撑件应注意安装位置，避免安装在易造成管道局部应力集中的部位。

图 3-54　预埋固定和膨胀螺栓固定

（二）管道与支架、吊架固定方法

1. 支架、吊架牢固度检查方法

确定支架、吊架的牢固程度，对于确保安全和防止事故发生至关重要。下面介绍几种常用的方法来检查牢固程度。

1）目视检查：这是最简单、也最常用的方法之一。通过观察支架安装情况，检查是否存在明显的损坏、锈蚀、裂缝、位移等缺陷。特别注意检查关键连接点或焊接处是否稳固，并排除任何损坏的迹象。

2）摇晃测试：对于支架来说，可以尝试轻轻摇晃来测试其稳定性。如果摇晃或晃动，则可能存在松散的连接或不稳定的部件。牢固的结构应该保持坚固，没有明显晃动。

3）手动检查：使用手动力量测试支架的紧固度和稳定性。通过适当的工具，例如螺丝刀或扳手，对螺钉、螺栓、螺母等进行检查，确保它们紧固且没有松动。如果发现有松动的部件，应立即予以修复或更换，以增强结构的牢固性。

4）按压测试：由小到大的力度按压支架。如果感觉到移动或松动，则表明可能缺乏牢固度，并且需要进一步检查和修复。

【小贴士】对于新建管道系统，应按照相应的标准进行支架、吊架的质量检测，确保管道系统的安全和正常运行。对于使用时间较长的管道系统，也应定期进行检测和维修，以确保其运行的持久性和安全性。

2. 常见问题及处理方法

1）给水、排水管道支架间距过大

支架间距设置过大容易引起管道下垂、弯曲变形，甚至开裂、折断等损坏，特别是一些刚性较差的材质，如非金属管材，常常是安装时没有变形，一旦通入冷水、热水等介质就会引起负荷加重，管路下坠变形，甚至断裂等。

处理方法：严格按照表 3-1～表 3-4 中规定的支架间距予以设置，已经完成设置的，可以考虑加密支架处理。图 3-55 为管道支架间距示例。

2）管道、支架固定不牢固

管道、支架固定不牢固分为两种情况：

（1）管道与支架之间固定不牢

常见原因是管道与支架之间应加装橡胶类垫层，常因加装不规范，垫层缺失，导致支架内径略大于管道外径，两者之间存在间隙，固定不牢固。还有一种可能是支架选配的规格大于管道的规格。

处理方法：规范加装垫层，并固定牢固。将已经安装的支架更换为配套的支架，如图 3-56 所示。

 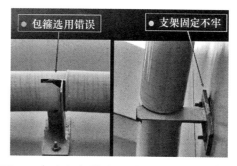

图 3-55　管道支架间距示例图　　图 3-56　支架包箍选用错误和支架固定不牢

（2）支架与墙面固定不牢

常见原因是固定使用的膨胀螺栓、膨胀塞没有固定紧密，或是打孔墙面打到砖缝、孔洞等位置而无法紧固，如图 3-56 所示。

处理方法：更换打孔位置，周围环境不适合更换位置时，可以考虑重新加固并打孔内径，如加装木塞等措施。

（三）器具与灯具等安装固定方法

1. 卫生器具安装固定

卫生器具安装固定分为悬挂式和安放式两种，具体处理方法如下：

（1）悬挂式

如小便斗、洗手盆等为悬挂式，这类器具安装时常用金属类膨胀螺栓安装固定。安装步骤如图 3-57 所示。

图 3-57　悬挂式小便斗

安装不牢的原因常为膨胀螺栓固定不牢固、安装底板不平整等造成的，解决办法为：膨胀螺栓应选用金属类，同时规格要与安装孔、钻孔配套，同时确保孔打在实心墙上，不得打在空心墙体上，如果必须在相应位置出现空鼓墙体，可以考虑重新对墙体实心处理后进行悬挂安装，确保安装牢固；墙面不平整的处理方法一般为在确保安装垂直度、水平度的情况下，可对墙面采用柔性材料进行垫平处理。

（2）安放式

落地式马桶为安放式，一般靠自重进行安放，缝隙应涂抹密封胶等粘接，确保安放牢固，涂胶时应确保均匀、全面，在确保粘接牢固紧密的同时，还要保证密封性。有些预留安装孔的马桶还需要打孔后涂抹密封胶密封。遇有平整度欠佳的地面时，在缝隙较大的位置加装柔性材料垫平处理。安装流程见表3-5。

落地式马桶安装流程表　　　　　　　　　　表 3-5

1. 清点安装配件	2. 清扫污渍，下水口切割为 5mm 高度
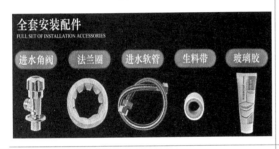	
3. 安装马桶法兰圈，按压至马桶下水口处	4. 预装马桶画线，标记位置，打密封胶

5. 安装到下水口处，压实法兰圈和下水口	6. 安装角阀
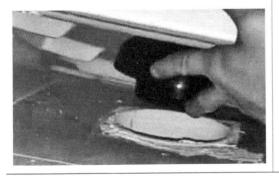	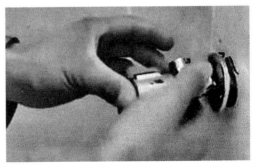

7. 安装软管	8. 安装马桶盖
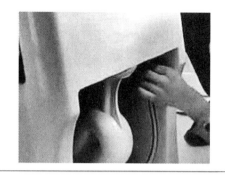	 此处按钮

2. 灯具安装固定（图 3-58 和图 3-59）

灯具安装方式分为吸顶式和悬吊式。吸顶式灯具安装宜采用塑料膨胀塞，需要安装足够的固定点，确保安装牢固；悬吊式灯具安装应采用金属膨胀螺栓，选址应选择实心天花板位置，遇有楼板孔洞时，孔洞内应加灌砂浆等材料进行实心处理，拧紧膨胀螺栓时应有足够的扭矩，确保安装牢固。同时打孔时应错开预埋的暗线，避免打穿电线。

安装步骤：

（1）准备木条、板材、五金配件、螺栓、锤子、粘结剂等固定材料。

（2）电锤打孔，然后埋设铁件膨胀螺栓或者木条，用粘结剂或者水泥浆将孔洞的周边补齐，等到干燥了再进行下一步。

（3）用膨胀螺栓或木条固定。

（4）电线通过吊杆引入灯芯里面，注意线路的走向。

（5）安装灯罩、灯臂。

（6）用螺丝刀等工具将灯罩组装。

（7）通电试灯。

图 3-58　吸顶式灯具安装

图 3-59　悬吊式灯具安装

3. 开关插座安装

开关、插座安装分为明装和暗装两种，明装时应首先确定位置，采用塑料膨胀塞和自攻螺钉配合固定底盒（图 3-60 和图 3-61），然后用配套的螺栓固定牢固。暗装开关和插座是指墙壁内预留线管和线盒，这时一般采用细丝螺纹螺钉固定，不能选择自攻螺钉紧固。

图 3-60　自攻螺钉配合塑料膨胀塞使用　　图 3-61　金属膨胀螺栓

4. 电箱安装

电箱安装分为明装和暗装两种，明装时确定位置后采用金属膨胀螺栓固定，因固定力量不足，不宜采用塑料膨胀塞，暗装电箱一般在土建砌筑施工时应预留孔洞，将暗装电箱塞入后，周边灌封水泥砂浆料，待砂浆凝固后再进行相关作业，若预留孔洞铰大，可塞入较大体积的砖块，等灌封固定后再灌入砂浆封固。

第四章 质量验收

第一节 质量检查

（一）给水、排水管道支架、吊架间距检查方法

室内给水管道的支架、吊架间距应符合相关要求，塑料管管道支架、吊架间距应符合表 4-1 和表 4-2 的要求，钢管管道支架、吊架间距应符合表 4-3 的要求，铜管管道支架、吊架间距应符合表 4-4 的要求。

塑料给水管的支架、吊架最大间距　　　　　表 4-1

公称直径（mm）		15	20	25	32	40	50	63	75	90	110	160
支架、吊架的最大间距（m）	立管	0.8	0.9	1.0	1.1	1.3	1.6	1.8	2.0	2.2	2.4	2.6
	水平管	0.5	0.6	0.7	0.8	0.9	1.0	1.1	1.2	1.35	1.55	1.7

注：塑料管采用金属管卡作支架时，管卡与塑料管之间应用塑料带或橡胶物隔垫，并不宜过大或过紧。

塑料排水管道支架、吊架最大间距　　　　　表 4-2

管径（mm）		50	75	110	125	160
支架、吊架的最大间距（m）	立管	1.2	1.5	2.0	2.0	2.0
	水平管	0.5	0.75	1.1	1.3	1.6

钢管管道最大支架、吊架间距　　　　　表 4-3

公称直径（mm）		15	20	25	32	40	50	65	80	100	125	150	200	250	300
支架、吊架的最大间距（m）	保温管	2	2.5	2.5	2.5	3	3	4	4	4.5	6	7	7	8	8.5
	不保温管	2.5	3	3.5	4	4.5	5	6	6	6.5	7	8	9.5	11	12

铜管最大支架、吊架间距　　　　　　　　　　　　　表 4-4

公称直径（mm）		15	20	25	32	40	50	65	80	100	125	150	200
支架、吊架的最大间距（m）	立管	1.8	2.4	2.4	3.0	3.0	3.0	3.5	3.5	3.5	3.5	4.0	4.0
	水平管	1.2	1.8	1.8	2.4	2.4	2.4	3.0	3.0	3.0	3.0	3.5	3.5

（二）管道与支架、吊架固定的牢固度检查方法

在进行管道与支架、吊架固定的牢固度检查时，主要检查以下几方面：

1）焊接检查

检查焊缝是否符合规范要求，有无裂纹、气孔、夹渣等缺陷。观察焊缝的外观是否平滑、饱满，焊渣是否清除干净。对于承重管道的焊接，还需检查焊接节点是否达到设计要求的强度和稳定性。

2）螺栓紧固检查

检查螺栓紧固情况是否良好，有无松动现象。对于承重管道的连接部位，应特别注意检查螺栓的紧固程度，确保连接部位受力均匀，防止松动和脱落。

3）支撑和固定情况检查

检查管道支撑和固定部位是否牢固可靠。承重管道的支撑和固定部位应符合设计要求，支撑和固定装置应无变形、开裂等现象。对于滑动支撑和固定部位，应检查其滑动面是否清洁、润滑良好。

4）无损检测

采用无损检测技术，如超声波检测、射线检测等，对管道进行全面检测，以确定是否存在焊接缺陷、材料缺陷等问题。无损检测是确保管道安全运行的重要手段。

5）压力试验

按照相关规范要求对管道进行压力试验，以检验管道及其连接部位的强度和密封性。压力试验包括水压试验和气压试验等，应根据具体情况选择合适的试验方法和压力等级。

6）外观观察

通过观察管道的外观情况可以初步判断其牢固程度。如发现管道有明显的变形、开裂、锈蚀等现象，应及时采取措施进行维修或更换。同时还应观察支架、吊架的外观情况，确保其无明显变形、损伤等问题。

（三）器具与灯具等安装质量检查方法

1. 卫生器具

1）安装前检查

在安装卫生器具前，需对以下项目进行检查：

（1）卫生器具的外观应无破损、裂纹、变形等质量问题。

（2）卫生器具的尺寸应符合设计要求，附件应齐全。

（3）卫生器具的固定件、连接件应无损坏或松动。

（4）卫生器具的排水管应无变形、弯曲、锈蚀等质量问题。

（5）卫生器具的给水管路应畅通，无堵塞。

2）位置和高度检查

在安装卫生器具时，应对其位置和高度进行检查，以确保其符合设计要求和使用方便。

（1）卫生器具的位置应符合设计要求，无明显偏差。

（2）卫生器具的高度应符合设计要求，使用方便。

（3）卫生器具的安装位置应便于维修和更换。

（4）卫生器具的安装位置应不影响其他设施的正常使用。

3）固定牢固性检查

在安装卫生器具时，应对其固定牢固性进行检查，以确保其在使用过程中不会发生松动或脱落。

（1）卫生器具的固定件应紧固，无松动现象。

（2）卫生器具的地脚螺栓等紧固件应紧固，无松动现象。

（3）卫生器具的连接件应牢固，无松动现象。

4）水管连接密封性检查

在安装卫生器具时，应对水管连接密封性进行检查，以确保其在使用过程中不会发生漏水或渗漏。

（1）水管连接处应密封良好，无渗漏现象。

（2）水管连接处应使用合格的密封材料进行密封。

（3）水管连接处应无明显损伤或变形。

（4）水管连接处应保持清洁，无杂物堵塞。

2. 灯具

1）灯具完整性

（1）检查灯具是否完整，有无损坏或缺失部件。

（2）确保灯具附件（如灯泡、灯管、镇流器等）齐全，无缺失或损坏。

2）安装位置

（1）检查灯具是否安装在设计的位置，如天花灯应安装在顶棚上，壁灯应安装在墙壁上等。

（2）检查灯具安装高度是否符合要求，如吊灯应不低于2.5m，壁灯应不低于1.2m。

3）固定情况

（1）检查灯具是否固定牢固，有无松动现象。

（2）对于使用螺钉固定的灯具，应检查螺钉是否紧固，有无松动现象。

（3）对于使用膨胀螺栓固定的灯具，应检查膨胀螺栓是否与墙体或顶棚紧密连接，有无松动现象。

4）导线连接

（1）检查导线的连接方式是否正确，如应使用接线端子或压接等方式连接。

（2）检查导线是否接错或短路，尤其要注意火线和零线的连接顺序。

（3）检查导线是否裸露或绝缘损坏，如有，应及时进行包扎处理。

5）开关及遥控器

（1）检查开关及遥控器是否完好无损，操作灵活。

（2）检查开关及遥控器与灯具的连接是否正确，如火线控制等。

（3）对于使用遥控器控制的灯具，应检查遥控器与灯具的匹配性是否良好。

3. 开关

1）外观检查

（1）检查开关的外观是否完好，有无损坏、变形、变色、烤焦等现象。

（2）检查开关的标识是否清晰、完整，包括产品名称、规格型号、额定电压、额定电流等信息。

2）尺寸检查

（1）检查开关的尺寸是否符合设计要求，包括安装孔距、高度、深度等。

（2）检查开关的接口尺寸是否与电缆接口匹配，避免过紧或过松。

3）固定检查

（1）检查开关的固定是否牢固，有无松动现象。

（2）检查固定螺栓是否完好，有无锈蚀、松动现象。

4）接线检查

（1）检查开关的接线是否正确、规范，包括接线方式、接线颜色等。

（2）检查接线端子是否牢固，有无松动现象。

4. 电箱

1）箱体材料

（1）材料的质量：检查材料的质量是否符合设计要求，是否符合国家相关标准。

（2）材料的厚度：检查材料的厚度是否符合设计要求，尤其是对于一些需要承受一定重量的电箱。

（3）材料的防腐性能：箱体材料有无破损变形等，其防腐性能是否满足使用环境的要求。

2）箱内元件

（1）元件的质量：检查元件是否符合设计要求，是否符合国家相关标准。

（2）元件的安装位置：检查元件是否按照设计要求安装在合适的位置上。

（3）元件的接线方式：检查元件的接线方式是否符合设计要求，是否符合国家相关标准。

3）接地保护

（1）接地装置的材质：检查接地装置的材质是否符合设计要求，是否符合国家相关标准。

（2）接地电阻值：检查接地电阻值是否符合设计要求，是否符合国家相关标准。

4）安全防护

（1）安全防护装置的设置：检查电箱内部是否设置了相应的安全防护装置，如漏电保护器、过载保护器等。

（2）安全警示标识：检查电箱是否存在安全警示标识，如"有电危险""小心触电"等标识。

5. 插座

1）检查插座安装位置

检查插座安装位置是否正确，是否符合设计要求。需要确保插座安装在方便使用且安全的地方，例如远离潮湿和高温区域，避免安装在易受干扰或易燃易爆物品附近。

2）检查插座安装牢固度

需要确保插座安装牢固，无松动现象。可以用手轻轻晃动插座，如果发现插座松动，应立即停止使用并重新安装。

3）检查插座接地线

在检查插座接地线时，需要确保接地线正确连接，符合安全要求。接地线应连接至可靠的接地端子，且连接牢固，无松动现象。

4）检查插座导电性能

需要确保插座导电性能良好，无异常现象。可以用仪表测量插座的电压，如果发现电压异常，应立即停止使用并检查原因。

第二节　质量问题处理

（一）给水排水管道支架、吊架间距过大整改方法

1. 问题描述

给排水管道的支架、吊架是保证管道稳定和安全运行的关键部件。如果支架、吊架间距过大，可能会出现管道振动、弯曲、变形等问题，严重影响管道的使用寿命和安全性。因此，必须对给排水管道支架、吊架间距过大问题进行整改。

2. 整改方法

1）重新计算支架、吊架间距

根据给排水管道的设计要求和相关规范，重新计算支架、吊架的间距，确保间距符合要求。可以考虑在管道的不同位置设置不同间距的支架、吊架，以适应管道的特殊要求。

2）增加支架、吊架数量

在重新计算支架、吊架间距后，如果发现间距仍然过大，可以增加支架、吊架的数量，以减小间距。增加的支架、吊架应根据管道的走向和支撑要求进行合理布置。

3）调整支架、吊架位置

如果发现支架、吊架位置不当，应进行调整。调整时应根据管道的走向和支撑要求进行，确保支架、吊架能够充分发挥支撑作用。

4）更换支架、吊架材料

如果支架、吊架的材料不符合要求或者已经损坏，应进行更换。更换时应选择符合设计要求和相关规范的材料，确保支架、吊架的质量和安全性。

5）加强日常维护

在日常使用中，应加强对给排水管道支架、吊架的维护和检修。定期检查支架、吊架的牢固性和灵活性，及时发现和处理问题，以避免事故的发生。

3. 注意事项

（1）在整改过程中，应根据实际情况选择合适的整改方案，确保整改效果和质量。

（2）整改时应注意保护管道和其他设备，避免造成不必要的损坏和损失。

（3）完成整改后，应进行验收和测试，确保整改效果符合设计要求和相关规范。

（二）管道与支架、吊架固定不牢固整改方法

1. 概述

针对管道与支架、吊架固定不牢固的问题，通过提高安装精度、使用合适支架、合理分布承重、增强固定措施、定期检查维护、建立维修档案、加强施工监管和培训操作人员等措施，确保管道系统的安全稳定运行。

2. 提高安装精度

（1）在安装前，应对管道进行仔细检查，确保其尺寸、规格、材质等符合设计要求。

（2）采用精确的测量仪器和工具，确保管道安装的精度。

（3）对于关键部位，应进行预装配和试运行，确保实际安装效果符合设计要求。

3. 使用合适支架

（1）根据管道的材质、规格和实际工况，选择合适的支架、吊架型号和规格。

（2）确保支架、吊架的承载能力满足管道的实际需求，并按照规范进行安装。

（3）对于复杂管道系统，应进行专业的支架、吊架设计，确保其稳定性和承重分布的合理性。

4. 合理分布承重

（1）根据管道系统的实际情况，对支架、吊架的承重进行合理分布，避免集中受力。

（2）对于大型管道系统，应进行专业的应力分析和计算，确保承重分布的合理性。

（3）在安装过程中，应尽量避免对管道系统进行额外的附加载荷。

5. 增强固定措施

（1）在支架、吊架安装过程中，应按照规范进行固定，确保其稳定性和承重能力。

（2）对于关键部位，应增加固定措施，如采用加厚钢板或增加固定点等方式，提高稳固性。

（3）对于易受外力影响的部位，应采取额外的加固措施，如采用斜支撑或加强筋等方式，提高其抗外力能力。

6. 定期检查维护

（1）制定定期检查维护计划，对管道与支架、吊架系统进行检查。

（2）检查内容包括支架、吊架的固定情况、承重分布是否合理、管道是否有变形或磨损等。

（3）对于检查中发现的问题，应及时进行处理并记录在案，以便日后参考和维护。

（三）器具与灯具等安装不牢固整改方法

1. 卫生器具

1）重新安装

如果发现卫生器具安装不牢固，需要及时采取措施进行整改。首先可以考虑重新安装，确保安装位置的正确性和稳定性。在重新安装时，需要按照产品说明书和相关规范进行操作，确保安装质量和安全性。

2）加固支撑

如果卫生器具的支撑结构不够牢固，可以考虑采取加固支撑的方法。可以通过增加支撑杆或支架，提高卫生器具的稳定性和承重能力。同时，需要注意支撑结构的材料和质量，确保其能够满足卫生器具的使用要求。

3）更换附件

如果卫生器具的附件存在问题，也会导致安装不牢固的情况。因此，需要定期检查附件的完好性和功能性，及时更换损坏或失效的附件。在更换附件时，需要注意选择符合要求的高质量产品，确保安装质量和安全性。

4）调整位置

如果卫生器具的安装位置不当，也容易导致安装不牢固的情况。因此，需要及时调整卫生器具的位置，确保其能够稳定地安装在墙上或地上。在调整位置时，需要注意保证卫生器具的水平度和垂直度，确保其使用效果和美观度。

5）增加固定装置

如果卫生器具的固定装置不足或失效，也容易导致安装不牢固的情况。因此，可以增加固定装置的数量和种类，提高卫生器具的稳定性和承重能力。在增加固定装置时，需要注意选择符合要求的高质量产品，确保安装质量和安全性。

6）更换材料

如果卫生器具的材料质量不佳或不符合要求，也容易导致安装不牢固的情况。因此，可以更换为高质量的材料，提高卫生器具的稳定性和承重能力。在更换材料时，需要注意材料的适用性和耐久性，确保其能够满足卫生器具的使用要求。

2. 灯具

1）问题描述

灯具安装不牢固是一个常见的问题，可能会导致灯具掉落、损坏，甚至引发安全事故。

2）整改方法

（1）确保灯具质量

购买灯具时，应选择质量可靠的产品。不要因为价格便宜而选择质量不合格的产品。质量好的灯具通常具有更坚固的设计和更重的材料，能够更好地抵抗重力作用。

（2）安装稳固

安装灯具时，应确保其稳固。使用合适的安装工具和配件，如螺栓、螺母、固定件等，如遇空心墙体，需将空心填实后方可重新固定或更换安装位置等。如果使用吊灯，应注意选择合适的吊钩和链条，确保吊灯能够稳定地悬挂在空中。

（3）定期检查

定期检查灯具的安装情况，特别是使用频繁的灯具。如果发现灯具有松动或脱落迹象，应及时进行维修和加固。

（4）安全使用

使用灯具时，应注意安全。避免在灯具上放置重物或踩踏灯具，以免导致灯具损坏或脱落。

（5）增加支撑

如果灯具较大或较重，可以在安装时增加支撑或悬挂点，以增加灯具的稳定性。

3. 开关

1）安装加固螺栓

对于开关安装不牢固的问题，首先需要确保开关安装的位置是正确的，然后检查开关安装的螺栓是否足够牢固。如果发现螺栓不够牢固，建议使用加固螺栓进行替换。在安装时，要注意将螺栓拧紧，确保开关不会轻易脱落。

2）使用膨胀螺栓

膨胀螺栓是一种特殊的螺栓，能够在安装时膨胀，从而更好地固定开关。在安装时，需要先将膨胀螺栓放入安装孔中，然后使用螺丝刀拧紧螺栓，就能够牢固地固定开关。

3）增加固定板

如果开关安装不牢固是由于安装位置不正确或者螺栓不够牢固导致的，还可以通过增加固定板的方式来解决。在安装时，可以在开关背面增加一块固定板，将开关固定在墙上，然后再使用加固螺栓进行固定。

4）更换合适长度的螺栓

有些时候，开关安装不牢固是由于使用的螺栓长度不足导致的。在这种情况下，建议更换合适长度的螺栓。在购买时，要确保新买的螺栓长度满足固定要求，以确保能够有效地固定开关。

5）调整安装位置

如果开关安装不牢固是由于安装位置不正确导致的，建议重新调整安装位置。在调整时，要确保开关能够安装在正确的位置上，并且不会受到其他因素的影响。

6）更换合适的开关

有时，开关安装不牢固是由于使用的开关自身内部不牢固导致的。在这种情况下，建议更换合适的开关。在购买时，要确保新买的开关符合自己的需求，并且能够与原来的控制容量相匹配。

4. 电箱

1）问题描述

在电力设施的安装过程中，电箱的安装牢固性是保证电力设备正常运行的重要环节。然而，在实际操作中，由于各种原因，电箱安装不牢固的问题较为普遍，这不仅影响了电力设备的正常运行，还可能引发安全事故。

2）整改方法

（1）加固支撑

电箱的安装必须有稳固的支撑，可以采用钢架或混凝土结构作为支撑材料。根据电箱的尺寸和重量，合理设计支撑结构，确保支撑牢固可靠。

（2）固定安装

电箱应采用固定安装方式，避免使用活动轮或滑行轨道等易磨损、易引发事故的部件。同时，要确保电箱安装位置合理，方便工作人员操作和维护。

（3）调整重心

电箱的重心应尽量调整到支撑结构上，以增加稳定性。对于大型电箱，还需要考虑增加配重来平衡重量分布，以防止电箱倾斜或翻倒。

（4）填充支撑

对于一些需要固定在墙体或地面上的电箱，可以采用填充支撑的方式增加稳固性。填充材料可以采用水泥砂浆或专用填充材料，确保电箱与墙体或地面紧密结合。

（5）定期检查

定期对电箱安装情况进行检查，发现松动、损坏等问题要及时进行处理。同时，要检查电箱内部是否有杂物、积水等问题，防止对电力设备造成损害。

（6）安全警示

在电箱周围设置安全警示标志和防护栏，提醒工作人员注意安全。对于一些易触电的部位，要加装绝缘套管或绝缘胶带等措施，防止触电事故发生。

5. 插座

1）问题描述

插座安装不牢固可能会引起以下问题：

（1）插座松动，可能导致接触不良，影响电器安全，甚至损坏电器设施。

（2）插座脱落，可能导致电器损坏或安全事故发生。

2）整改方法

为了解决插座安装不牢固的问题，可以采取以下措施：

（1）选用合适的安装方法

根据插座型号和安装环境，选择合适的安装方法。例如，对于墙壁插座，可以使用预埋盒或明装盒；对于地面插座，可以使用防水盒等。

（2）增加固定装置

对于一些需要固定在地面或墙面的插座，可以增加固定装置，如膨胀螺栓或角铁支架，以确保插座安装牢固。

（3）更换插座

如果插座本身的质量有问题，可以更换质量更好的插座，以避免安装不牢固的问题。

（4）调整安装位置

如果插座安装位置不当，可以调整插座位置，以确保插座能够牢固地安装在墙上或其他支撑物上。

（5）清理安装面

在安装插座之前，应该清理安装面，去除杂质和灰尘，以确保插座能够牢固地安装在墙上或其他支撑物上。

（6）使用插座胶

在安装插座之前，可以在插座周围涂抹适量的插座胶，以确保插座能够牢固地安装在墙上或其他支撑物上。

（7）增加填充物

对于一些需要固定在地面或墙面的插座，可以在插座周围增加填充物，如水泥砂浆或密封胶，以确保插座安装牢固。

第三节　水电验收

（一）常用水电验收工具

（1）游标卡尺：主要用于测量材料的厚度、管路壁厚、电线直径及铝合金窗的厚度等。

（2）水平仪：用来测试开关插座的平行度、角阀的平行度，判断高低水平的情况。

（3）摇表：用于测试电路中有没有漏电或者短路的情况。

（4）水压试压泵：主要是用来测试管路压力，水管装好后，必须检测水管压力和漏水情况。

（5）网线测线仪：主要是用来测试弱电线路连接和通断等。

（二）水电施工验收

1）核对施工图纸

根据施工图纸，查看是否按图纸上的布线进行水电铺设，观察管道路线有没有改变，确保施工图纸与实际安装相对应。

2）验收水电材料

根据合同或约定，核对电线和水管的品牌型号一致，若不一致，则需要施工单位更换材料或补差价。还要注意水管的厚度、直径是否相符，如图 4-1 所示。

3）线管铺设检查

水管和电线管重叠的时候，要做到上电下水，即电线管要搭在水管上面，如图 4-2 所示。

4）检查电线

所有线管内无接头，电线应该为活线，检查时，可来回抽动露出的电线，应能灵活地抽动。电线在线管内不能有接头和扭结，电线在拐弯处应保持圆弧状，方便维修和更换。

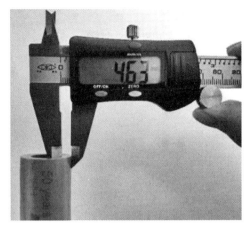

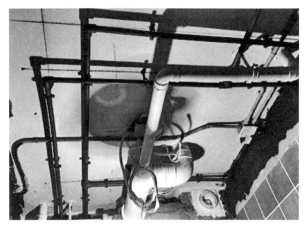

图4-1 测试管道壁厚 　　　　　　　图4-2 上电下水

5）检查插座点位

看水、电开关数量、位置与图纸上的数量、位置是否一致，是否需要根据实际情况再作调整，插座点位不可少于图纸点位。水电路点位图，如图4-3所示。

6）电路验收

对于电路验收可以先检查电箱布线是否合理，电路的总开关是否分离明确，还要检查漏电开关是否灵活等，电箱距离地面高度不低于1.6m，并且与弱电箱的距离大于0.5m；照明线使用2.5mm²的电线，普通插座用2.5mm²的电线，厨房、热水器等高功率插座需要至少4mm²的电线，而3匹以上的空调则需要6mm²的电线；插座接线符合"左零右火上接地"，灯具接线符合"火线进开关，零线进灯头"，卫生间插座应为防溅型。插座接线示意如图4-4所示。

图4-3 水电路点位图 　　　　　　　图4-4 插座接线示意

7）水路验收

水路验收需要进行水管安装的严密性试验。试验压力应为管道系统工作压力的1.5倍，且不得小于0.6MPa，压力值一般为0.6~0.8MPa，测试半小时，半小时内的压力下降以不超过0.05MPa为合格。水管通水后管路无抖动、滴水情况。

8）检查下水道防臭处理

排水管路必须加装 S 弯以防臭，验收时查看安装情况，如图 4-5 所示。

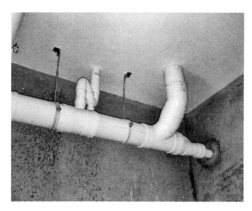

图 4-5　排水管安装 S 弯

水电安装工（中级）

水电安装工（高级）

第一节　作业条件准备

（一）安全防护棚的搭设

在建筑施工中常搭设安全防护棚来保护施工人员和设备免受外界环境的影响。

1. 搭设前的准备

（1）搭设防护棚所用的材料有钢管、扣件、竹笆片及绿色密目式安全网、模板等，如图5-1所示。钢管质量应符合现行国家标准《直缝电焊钢管》GB/T 13793—2016规定，直径48.3mm，壁厚3.6mm，杆长2300～6500mm，扣件采用可锻铸铁扣件，其材质符合现行国家标准《钢管脚手架扣件》GB/T 15831—2023的要求。

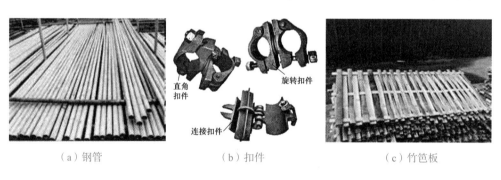

（a）钢管　　　　　　　　（b）扣件　　　　　　　　（c）竹笆板

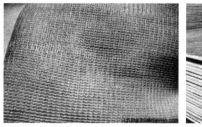

（d）密目式安全网　　　　（e）模板

图5-1　搭设防护棚所用材料

（2）乡村建设工匠应将防护棚搭设的技术要求、安全措施向其他搭设人员进行技术交底。

（3）按要求对钢管、扣件、竹笆片、密目式安全网等进行检查，不合格的构配件不得使用，经检查合格的构配件应按品种、规格分类，堆放整齐。

（4）搭设现场清除地面杂物，平整搭设场地，硬化地坪，设立警戒标志。

2. 安全防护棚的搭设

安全防护棚的搭设高度不应小于3m，搭设宽度和长度应根据施工场地状况和需求确定。常采用钢管扣件式防护棚，上盖竹笆或木质板，一般采用双层设计，两层间距700mm；当选择单层搭设时，必须上盖木质板，厚度应不少于50mm。防护棚的长度和宽度需根据建筑高度和可能的坠落半径来确定，以确保全方位的保护。某工程安全防护棚的搭设构造如图5-2所示。

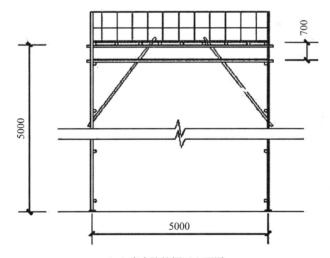

（a）安全防护棚正立面图

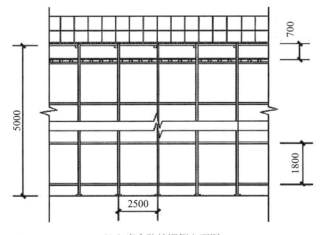

（b）安全防护棚侧立面图

图5-2　安全防护棚正、侧立面图

1）防护棚的基础

（1）防护棚基础采用 C25 细石混凝土，厚度为 100mm，立杆置于混凝土面层上。

（2）防护棚基础四周设置排水沟，尺寸为 300mm×300mm。

2）立杆的搭设

（1）立杆应准确地放在定位线上。步距、纵距等应按立面图 5-2（a）、图 5-2（b）布置。

（2）防护棚立杆底脚必须设置纵向扫地杆。纵向扫地杆采用直角扣件固定在距底座上皮不大于 200mm 处的立杆上。

（3）开始搭立杆时，应每隔 6～9m 设置一根临时抛撑，在搭设完该处的立杆、纵向水平杆、横向水平杆后，可根据情况拆除。

（4）相邻立杆的对接扣件不得在同一高度内，错开布置，错开的距离不得小于500mm。各接头中心至主节点的距离不得大于步距的 1/3。

（5）立杆顶端宜高出防护棚顶层，必要时可采用搭接接长立杆。

3）纵向水平杆的搭设

（1）纵向水平杆设置在立杆内侧，其长度不宜小于 2 跨，间距为 2.5m。

（2）纵向水平杆接长采用对接扣件连接，对接扣件应交错布置，两根相邻纵向水平杆的接头不得在同步或在同跨内，不同步或不同跨两个相邻接头在水平面错开的距离不应小于 500mm，各接头中心至最近主节点的距离不宜大于纵距的 1/3。

（3）纵向水平杆应贯通交圈，用直角扣件与内外角部立杆固定。

4）纵向斜撑的搭设

沿防护棚外侧纵向方向每隔 6m 设一道纵向斜撑，与地面成 45°～60°。斜撑杆接长采用两只旋转扣件，搭接接长，两扣件之间有效搭接长度不小于 1m（交叉接头不宜在立杆处）。扣件盖板边缘至杆端距离不得小于 100mm。斜撑杆件与立杆相交处用旋转扣件连接。

5）防护棚顶临边围挡的搭设

防护棚顶面的两侧边缘设防护栏板，围挡栏板高不小于 900mm。外立面满挂绿色密目式安全网，内侧为竹笆，16 号钢丝固定。

6）防护隔离板的搭设

防护隔离为竹笆或木质板，在上下层搁栅杆杆面上分别各铺一层，双层棚顶间距一般为 700mm。

7）防护棚的防雷接地

防护棚应有防雷接地措施，常采用单独埋设接地防雷法。具体方法为在防护棚角部处将 $\phi 48$、$3\times3.6mm$、$L=1500mm$ 的钢管埋入地下，再用 BV-10mm² 接地线引出与防护棚连接，接地电阻应小于 4Ω。

3. 安全防护棚的拆除

（1）拆除前，应对防护棚整体进行检查，如防护棚存在严重安全隐患或损坏，应立即进行整改和加固，以保证防护棚在拆除过程中不发生坍塌危险。

（2）对参与防护棚拆除的工匠进行交底，交底内容应包括拆除时间、拆除顺序、拆除方法、拆除的安全措施和警戒区域。

（3）拆除现场必须设警戒区域，张挂醒目的警戒标志。警戒区域内严禁非操作人员通行或在防护棚下方继续组织施工。

（4）拆除防护棚应由上而下，一步一清地进行拆除。纵向斜撑的拆除，应先拆中间扣件，再拆两端扣件。

（5）如遇强风、雨、雪等特殊气候，不得进行防护棚的拆除。夜间实施拆除作业，应具备良好的照明设备。

4. 安全防护棚搭设方案的编写

安全防护棚搭设方案的内容包括：

（1）工程概况，主要编写工程建设概况，如工程名称、建设地点、安全防护棚的分部情况等。

（2）编制依据，主要编写所依据的现行规范标准等，如《建筑施工扣件式钢管脚手架安全技术规范》JGJ 130—2011、《建筑施工高处作业安全技术规范》JGJ 80—2016、《建筑施工安全检查标准》JGJ 59—2011 等。

（3）搭设的技术要求，主要编写对搭设中的材料、地基基础、杆件等构造要求。

（4）搭设工艺，主要编写搭设施工工艺和要点。

（5）搭设质量控制，主要编写防护棚步距、纵距的质量检查，搭设杆件的垂直偏差等要求。

（6）护棚搭设施工安全措施。

（7）防护棚拆除安全注意事项。

（二）钢管扣件或木竹外脚手架的搭设

为了保证各施工过程顺利进行，需要搭设外脚手架作为施工人员操作平台，并起到安全防护的作用。

1. 钢管扣件脚手架的搭设

钢管采用外径为 48mm、壁厚 3.6mm 的 3 号钢焊接钢管，如图 5-3 所示。钢管应有产品质量合格证和检验报告。

图 5-3　脚手架钢管及其壁厚

钢管和扣件进场都应进行质量检验，锈蚀严重的必须更换，不得用于搭设架体，如图 5-4 所示。

图 5-4　脚手架钢管、扣件锈蚀

搭设脚手架时必须加设底座或基础，并做好地基的处理。如图 5-5 所示，落地式钢管脚手架底部应设置垫板和纵向、横向扫地杆，垫板铺设必须平稳，不得悬空，安放底座时应拉线和拉尺，按规定间距尺寸摆放后加以固定。立杆基础不在同一高度时，应将高处的纵向扫地杆向低处延长两跨，如图 5-6 所示。

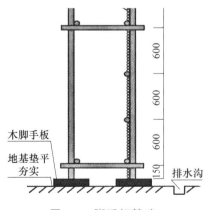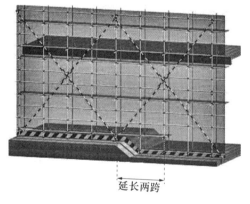

图 5-5　脚手架基础　　　　图 5-6　立杆基础高度不同时的处理

钢管杆件包括立杆、大横杆、小横杆、剪刀撑、斜杆和抛撑（在脚手架立面之外设置的斜撑）。剪刀撑设置在脚手架两端的双跨内和中间每隔 30m 净距的双跨内，仅在架子外侧与地面呈 45° 布置，搭设时将一根斜杆扣在小横杆的伸出部分，同时随着墙体的砌筑，设置连墙杆与墙锚拉，扣件要拧紧，如图 5-7 所示。

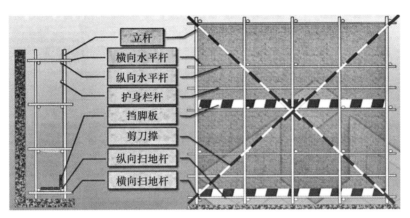

图 5-7　钢管杆件

钢管扣件脚手架的搭设，按脚手架的纵距、横距要求进行放线、定位，自建筑物角部一端起逐根竖立杆，放置纵向扫地杆，随即与立杆扣紧，装设横向扫地杆，并与立杆扣紧，竖起 3～4 根立杆后，再安装第一步大横杆，最后安装第一步小横杆，安装临时抛撑，如图 5-8 和图 5-9 所示。

图 5-8　安装立杆

图 5-9　安装临时抛撑

2. 木竹脚手架的搭设

木脚手架是由许多纵、横向木杆，用钢丝绑扎而成，主要有立杆、大横杆、小横杆、斜撑、抛撑、十字撑等，如图 5-10 所示，现在木脚手架已很少使用。

竹脚手架选用生长期三年以上的毛竹或楠竹的竹材为主要杆件，采用竹篾、铁丝、塑料篾绑扎而成架，如图 5-11 所示。

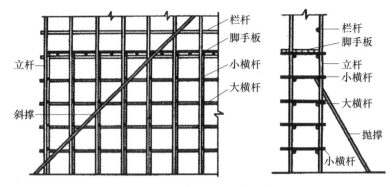

图 5-10　木脚手架构造图

图 5-11　竹脚手架构造图

1）搭设顺序

双排竹脚手架的搭设顺序如下：

确定立杆位置→挖立杆坑→竖立杆→绑大横杆→绑顶撑→绑小横杆→铺脚手板→绑栏杆→绑抛撑、斜撑、剪刀撑等→设置连墙点→搭设安全网。

2）搭设要点

（1）挖立杆坑。立杆坑深 300～500mm，坑口直径较杆的直径大 100mm，坑口的自然土尽量少破坏，以便将立杆正确就位，挤紧埋牢。

（2）竖立杆。操作方法与杉篙脚手架相同，先竖端头的立杆，再立中间立杆，依次竖立完毕。立杆如有弯曲，应将弯曲顺向纵向方向，既不能朝墙面也不能背向墙面。

（3）绑大横杆。大横杆绑扎在立杆的内侧，沿纵向水平布设，其接长以及接头位置的错开距离与杉篙脚手架相同。同一排大横杆的水平偏差不得大于脚手架总长度的 1/300，并且不大于 200mm。

（4）绑小横杆。小横杆垂直于墙面，绑扎在立杆上。采用竹笆脚手板，小横杆应置于大横杆下；采用纵向支承的脚手板，小横杆位于大横杆之上。操作层的小横杆应加密，砌筑脚手架间距不大于 0.5m；装饰脚手架间距不大于 0.75m。

（5）绑抛撑、斜撑和剪刀撑。架子搭到三步架高，暂时不能设连墙点时，应每隔

5～7 根立杆设抛撑一道，抛撑底埋入土中应不少于 0.5m。

（6）设置连墙点。连墙点设置在立杆与横杆交点附近，呈梅花状交替排列，将脚手架与结构连成整体。

（7）设置搁栅。搁栅应设在小横杆上，间距不大于 0.25m，搭接处的竹竿应头搭头，梢搭梢，搭接端应在小横杆上，伸出 200～300mm。

（8）设置脚手板、护栏和挡脚板。操作层的脚手板应满铺在搁栅、小横杆上，用铁丝与搁栅绑牢。搭接必须在小横杆处，脚手板伸出小横杆长度为 100～150mm，靠墙面一侧的脚手板离开墙面 120～150mm。

（三）施工现场作业条件的清理准备

1. 基础阶段作业条件的清理准备

基础阶段施工现场作业条件基本情况如图 5-12 所示。现场作业条件的清理准备主要包括以下工作：

（1）检查施工区域内存在的各种障碍物，如建筑物、道路、管线、树木等，凡影响施工的均应拆除、清理或转移，并在施工前妥善处理，确保施工安全。

（2）施工机械进入施工现场所经过的道路、桥梁等，应事先做好检查和必要的加宽、加固工作。

（3）夜间施工时，应合理安排施工项目，落实安全文明施工措施。施工现场应根据需要安装照明设施，在危险地段应规范设置安全护栏和警示灯等。

（4）施工前先了解工程地质勘察资料、地形、地貌等情况，并制定相应的安全技术措施。

（5）基坑边 1.5m 范围内不要堆放材料、机具等，防止滑坡。基坑内施工人员要注意边坡的稳定情况，如发现问题应及时采取措施。

2. 主体阶段作业条件的清理准备

主体阶段施工现场作业条件基本情况如图 5-13 所示。现场作业条件的清理准备主要包括以下工作：

（1）施工人员要按照每天的作业计划准备设备和材料。

（2）设备和材料在现场一定要码放整齐，切忌横七竖八、乱堆乱放。

（3）工具和材料、废料不要放在影响施工或给他人带来危险的地方。

（4）现场使用的链条葫芦、千斤顶等工器具，不用时要挂放和摆放整齐。

（5）设备安装和材料加工要在指定的地点进行，废料要及时清理运走。

（6）木板上、墙面上凸出的钉子、螺栓要及时拔出和清理，以免给自己和他人带来危害。

（7）现场加工棚、工具室要保持整洁与卫生。

（8）工序交接的作业面，要进行彻底的清理，打扫干净，检验合格后方可进入下道工序施工。

（9）注意保护施工成品和施工设备，防止二次污染和设备损伤。

（10）作业面做到工完场清，整个现场做到一日一清、一日一净。

图 5-12　常见基础阶段施工现场　　　　　图 5-13　常见主体阶段施工现场

3. 装修阶段作业条件的清理准备

（1）装修工程开始前，应对埋设水电管线的槽或洞进行填堵，并清理干净，对房屋进行全面清洁，包括清除灰尘、污垢和杂物等，确保施工环境干净整洁。

（2）装修过程中，应每天对施工现场进行清洁，包括清理垃圾、尘土等废弃物，在抹灰和涂刷涂料时，应采取措施保护地面，避免涂料、砂浆等物质溅到地面，若有溅出，应及时清理干净，避免干燥后难以清除。

（3）装修工程完成后，应清除施工现场残留的涂料、灰尘和杂物等，确保内部和外部的整洁。此外，应对施工现场的垃圾进行分类处理，可回收垃圾应妥善存放或出售，不可回收垃圾应及时清运出施工现场。

（四）消火栓、消防水带的使用

1. 消火栓的使用

消火栓分为室内消火栓和室外消火栓，如图 5-14 和图 5-15 所示。

1）室内消火栓的使用

室内消火栓通常设置在室内消火栓箱内，包括箱体、消火栓、消防接口、水带、水枪、消防软管卷盘及电器设备等全套消防器材。室内消火栓栓口距离地面的高度宜为 1.1m，如图 5-16 所示。

室内消火栓的具体使用步骤和方法如下：

（1）首先打开消火栓箱门，紧急时可将玻璃门击碎，用手按里面的火警按钮，这个按钮用来报警和启动消防泵，如图 5-17 所示。

图 5-14　室内消火栓

图 5-15　室外消火栓

图 5-16　室内消火栓箱

图 5-17　打开消火栓箱门

（2）取出水枪，拉出水带，将水带接口一端与消火栓接口连接，另一端与水枪连接，如图 5-18 所示。

（a）水带与消火栓的连接

（b）水带与水枪的连接

图 5-18　水带与消火栓、水枪的连接

（3）在地面上拉直水带，将消火栓阀门打开，如图 5-19 所示，同时双手紧握水枪，对准火源根部喷水灭火，如图 5-20 所示。注意电器起火，要确定已经切断电源。

逆时针

图 5-19　打开阀门

图 5-20　灭火

（4）灭火完毕后，关闭室内栓阀门，将水带冲洗干净，置于阴凉干燥处晾干后，按原水带安置方式置于栓箱内。将已破碎的控制按钮玻璃清理干净，换上同等规格的玻璃片。检查栓箱内所配置的消防器材是否齐全、完好，如有损坏应及时修复或配齐。

（5）室内消火栓的检查、维护

① 检查室内消火栓、水枪、水带、消防水喉是否齐全完好，有无生锈、漏水，接口垫圈是否完整无缺，并进行放水检查，检查后及时擦干，在消火栓阀杆上加润滑油。

② 检查消防水泵在火警后能否正常供水。

③ 检查报警按钮、指示灯及报警控制线路功能是否正常、无故障。

④ 检查消火栓箱及箱内配装有消防部件的外观有无损坏，涂层是否脱落，箱门玻璃是否完好无缺。

⑤ 对室内消火栓的维护，应做到各组成设备保持清洁、干燥，防锈蚀或无损坏。为防止生锈，消火栓手轮丝杠处等转动部位应经常加注润滑油。设备如有损坏，应及时修复或更换。

⑥ 日常检查时如发现室内消火栓四周放置影响消火栓使用的物品，应进行清除。

2）室外消火栓的使用

室外消火栓的具体使用步骤和方法如下：

（1）将消防水带铺开，如图 5-21 所示。

（2）将水枪与水带快速连接，如图 5-22 所示。

（3）连接水带与室外消火栓，如图 5-23 所示。

（4）连接完毕后，用室外消火栓专用扳手逆时针旋转，把螺杆旋到最大位置，打开消火栓，如图 5-24 所示。

图 5-21　铺开消防水带

图 5-22　水枪与水带连接

图 5-23　水带与室外消火栓连接

图 5-24　打开消火栓

（5）双手紧握水枪，对准火源根部喷水灭火，如图 5-25 所示。

室外消火栓使用完毕后，需打开排水阀，将消火栓内的积水排出，以免结冰将消火栓损坏。室外消火栓的使用操作可扫描二维码观看视频 5-1。

图 5-25　室外消火栓灭火

视频 5-1　室外消火栓的使用操作

2. 消防水带的使用

消防水带的使用方法和步骤如下：

（1）操作时右手食指握紧水带的两个接口，如图 5-26 所示。

（2）食指扣住水带左侧，中指、无名指、小指合并扣住水带右侧，如图 5-27 所示。

（3）左手拿枪头，右手提水带，成跨步姿势，使用巧劲把水带甩出去，注意水带不能折叠，如图 5-28 所示。

（4）右手食指紧握的两个水带接口不要甩出去，如图 5-29 所示。

图 5-26　消防水带使用（1）

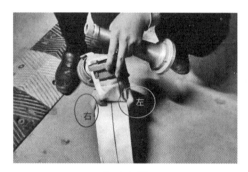

图 5-27　消防水带使用（2）

图 5-28　消防水带使用（3）

图 5-29　消防水带使用（4）

（5）消防水带使用时应注意以下事项：

① 连接消防水带时，需要将水带接口与消火栓或消防水泵进行连接，确保连接牢固，不会漏水。

② 使用消防水带时，应将其铺设在地面上，避免接触尖锐物体和各种油类，以免损坏水带。

③ 使用消防水带时，应将耐高压的水带接在离水泵较近的地方，充水后的水带应防止扭转或骤然折弯，同时应防止水带接口碰撞损坏。

④ 严冬季节，在火场上需暂停供水时，为防止消防水带结冰，水泵须慢速运转，保持较小的出水量。

⑤ 使用完毕后，需要将消防水带清洗干净。对输送泡沫的水带，必须细致地洗刷，保护胶层。为了清除水带上的油脂，可用温水或肥皂洗刷。对冻结的水带，首先要使之融化，然后清洗晾干，没有晾干的水带不应收卷存放。

【小贴士】消防水带的型号规格由设计工作压力、公称内径、长度、编织层经／纬线材质、衬里材质和外覆材料材质组成。如图 5-30 所示，该消防水带的设计工作压力为 2.0MPa，公称内径为 65mm，长度为 20m，编织层经线材质为涤纶长丝，纬线材质为涤纶长丝，衬里材质为聚氨酯，其型号表示为：20-65-20 涤纶长丝·涤纶长丝·聚氨酯。

图 5-30　消防水带型号示例

第二节　材料准备

（一）建筑材料在施工现场位置的设置

施工现场材料位置应根据现场的具体情况设置，既要保证使用方便，又要保证现场的整洁；既要保证使用安全，又要保证材料在使用过程中的质量和"先进先用"，如图 5-31 所示。

（1）建筑物基础和第一施工层所使用的材料，沿建筑物四周布置，但须留足安全尺寸，不得因堆料造成基槽（坑）土壁失稳。

（2）第二施工层以上所用的材料，布置在提升机具附近。

（3）砂、石等大宗材料尽量布置在搅拌机械附近。

（4）当多种材料同时布置时，大宗的、重量大的如模板、脚手架材料和先期使用的材料，尽量布置在提升机具附近；少量的、轻的和后期使用的材料，则可布置得稍远一些。

（5）加工棚可布置在拟建工程四周，并考虑木材、钢筋、成品堆放场地。

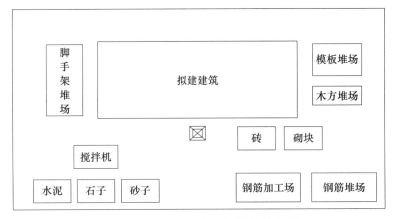

图 5-31　施工现场主要材料堆放位置

（二）建筑材料在施工现场放置数量的确定

施工现场材料放置要分类、分批、分规格堆放，整齐、整洁、安全。数量可按下列要求确定：

1. 水泥放置数量的确定

（1）水泥存放需设置水泥仓库，库房要干燥，地面垫板要离地 30cm，四周离墙 30cm，堆放高度 ≤ 10 袋，按照到货先后依次堆放，尽量做到先到先用，防止存放过久，如图 5-32（a）所示。若乡村建设实在无室内堆放场地时，水泥可放在室外，但一定要垫高防潮，上面全覆盖，如图 5-32（b）所示。

（a）水泥室内堆放　　　　　　　　　　　（b）水泥室外堆放

图 5-32　水泥室内、外堆放

（2）水泥堆放标识牌要求：标注清楚生产厂家、标号、数量、批号、生产日期、进货日期、检验日期、检验编号、检验状态。

2. 砂石放置数量的确定

砂石堆放场地应硬化，地面不积水，砂石要分类堆放，堆放限高 ≤ 1.2m，如

图 5-33 所示。如遇大风天气，砂石堆应用防尘网盖住。

图 5-33 砂石堆放

3. 砖、砌块堆放数量的确定

砖和砌块的堆放场地应硬化，地面不积水，有条件的可下垫上盖，不同尺寸的砖、砌块分类堆放，堆放高度≤ 2m，如图 5-34 和图 5-35 所示。

图 5-34 砖的堆放　　　　　　　　图 5-35 砌块堆放

4. 模板、木方堆放数量的确定

模板、木方周转材料的堆放场地应硬化，地面不积水，要分类堆放，堆放限高≤ 2m，如图 5-36 和图 5-37 所示。

图 5-36 模板堆放　　　　　　　　图 5-37 木方堆放

5. 钢管堆放数量的确定

钢管堆放场地应硬化，地面不积水，堆放限高 ≤ 2m，钢管必须刷防锈漆进行保护，如图 5-38 所示。

6. 对拉螺栓堆放数量的确定

对拉螺栓堆放场地应硬化，地面不积水，下垫上盖，堆放限高 ≤ 1.2m，对拉螺栓必须刷防锈润滑油进行保护，如图 5-39 所示。

图 5-38　钢管堆放

图 5-39　对拉螺栓堆放

第三节　施工机具准备

（一）电动工具与开关箱的连接情况检查与上报

在施工现场临时用电中配电箱可分为总箱、分箱和开关箱。开关箱起到方便停、送电，计量和判断停、送电的作用，如图 5-40 所示。

1. 连接线完整性的检查

对于电动工具与开关箱之间的连接线，应确保其完整性，如图 5-41 所示。检查连接线是否有破损、老化、断裂或裸露等现象，以确保其能够安全传输电能。对于发现的问题，应及时更换或修复。

2. 接头紧固情况的检查

检查连接线的接头是否紧固，防止因松动导致接触不良或产生火花。对于使用螺栓固定的接头，应使用合适的螺丝刀紧固；对于插拔式接头，应确保插头与插座接触良好。

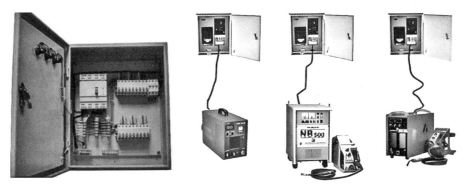

图 5-40 开关箱   图 5-41 电动工具与开关箱的连接线

3. 绝缘性能的检测

使用绝缘电阻表等工具对连接线进行绝缘性能检测，确保电动工具与开关箱之间的绝缘电阻符合安全要求。对于绝缘性能不佳的连接线，应及时更换。

4. 漏电保护功能的检查

检查开关箱是否具备漏电保护功能，并确保该功能处于正常工作状态，如图 5-42 所示。可通过模拟漏电情况来测试漏电保护器的灵敏度。如发现问题，应及时维修或更换。

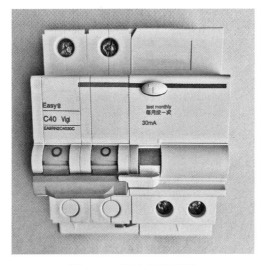

图 5-42 漏电保护开关

5. 接地电阻的测试

对接地线进行接地电阻测试，确保接地电阻值符合相关安全标准。对于接地电阻过大的情况，应检查接地线连接是否牢固，接地体是否锈蚀严重等，并及时处理。

6. 过载与短路保护的检查

检查开关箱是否具备过载和短路保护功能，并确保该功能处于正常工作状态。可通过模拟过载和短路情况来测试保护功能的可靠性。如发现问题，应及时维修或更换。

7. 标识与警示标签的检查

检查电动工具和开关箱上的标识与警示标签是否清晰、完整。如有缺失或模糊不清的标签，应及时补充或更换。同时，确保操作人员能够清晰识别并理解这些标识和标签的含义，如图 5-43 所示。

图 5-43　配电箱标识与警示

8. 检查的记录与上报

乡村建设工匠应对配电箱定期检查，每次对电动工具与开关箱连接情况检查后，应详细记录检查结果，包括发现的问题、采取的措施等。检查记录应保存在指定的位置，方便随时查阅。同时，对于发现的重要问题或隐患，应及时采取措施进行处理。

通过以上八个方面的检查与上报工作，可以确保电动工具与开关箱之间的连接安全可靠，有效预防电气事故的发生。同时，也有助于提高安全生产水平，保障施工人员生命财产安全。

（二）施工机具的保管与保养

1. 施工机具的保管

（1）存放环境：选择一个干燥、通风良好且无阳光直射的室内环境存放施工机具。避免设备暴露在雨雪、灰尘和潮湿的环境中，以防止金属部件生锈和电气部件损坏。

（2）地面处理：确保存放施工机具的地面平整、坚固，并具有良好的排水性能。对于易受潮的设备，可以在地面上铺设木板或橡胶垫，以增加设备的离地高度，防止底部受潮。

（3）清洁与整理：定期清理设备表面和内部，保持设备的清洁。同时，整理设备周围的杂物和线缆，确保通道畅通，方便设备的移动和维修。

（4）安全防护：在存放施工机具的环境中，应安装适当的消防设备，并确保设备在紧急情况下可以迅速停机。此外，应定期检查设备的电源线是否破损，以防止意外触电。

2. 施工机具的保养

（1）日常保养：每天使用设备前，检查设备的电源、开关和控制系统是否正常。运行设备后，检查设备是否有异常声音、振动或异味。如有问题，立即停机检查并报修。

（2）定期保养：根据设备制造商的建议，定期对施工机具进行保养。包括更换润滑油、检查紧固件是否松动、清理散热器等。此外，还要检查设备的切割刀具是否锋利，是否需要更换或磨砺。

（3）预防性维护：为了延长施工机具的使用寿命，应定期进行预防性维护。包括清洗设备表面和内部、检查电线和电缆、更换损坏的部件等。此外，根据需要，可以定期对设备进行调试和校准，以确保其精度和稳定性。

（4）记录与存档：为了方便追踪设备的维护历史和诊断问题，应记录每次保养和维修的内容，并将其存档。内容包括维修时间、更换的部件、进行的工作等详细信息。

3. 手持电钻的保管和保养

（1）清洁与保养：使用后应及时清洁电钻，用软布擦去表面灰尘和油污；检查钻头是否锐利，不锐利应及时磨削或更换；定期润滑电钻的关键部件，保持其良好的运作效率。

（2）存放环境：将手持电钻存放在干燥、无尘、通风良好的地方，避免潮湿和高温；避免阳光直射，以免加速电线老化和导致发热。

（3）电池与充电器：如果电钻使用可充电电池，确保电池完全充电并妥善存放；将充电器存放在干燥、通风的地方，并远离易燃物品。

（4）安全防护：在存放时，确保电钻的开关处于关闭状态，并拔下电源插头；使用适当的保护套或箱子来存放电钻，以防止碰撞和损坏。

4. 无齿锯的保管和保养

（1）清洁与检查：使用后及时清洁无齿锯，去除锯片上的残留物和尘土；检查锯片是否有损伤或裂纹，必要时进行更换。

（2）存放环境：存放于干燥、通风、无尘的地方，避免潮湿和高温；确保存放位置远离火源和易燃物品。

（3）锯片保护：存放时，应将锯片从机器上取下，并妥善放置，避免弯曲或损坏；使用保护套或专用箱子来存放无齿锯，以防止碰撞和损伤。

（4）电源与电线：拔下电源插头，存放时避免电线受到压迫或扭曲，以延长使用寿命。

无论是手持电钻还是无齿锯，都需要定期进行保养和检查，以确保其在使用时的安全性。正确的保管和维护可以延长设备的寿命，提高使用效率。

（三）电动机具的使用

1. 电圆锯的使用

电圆锯适用于对木材、纤维板、塑料和软电缆以及类似材料进行锯割作业，如图 5-44所示。

图 5-44　电圆锯

1）电圆锯的检查

（1）检查电圆锯的锯片、外壳、手柄是否出现裂缝、破损。

（2）检查电缆软线及插头等是否完好无损，开关是否正常，保护接零连接是否正确、牢固可靠。

（3）检查锯片是否安装牢靠，螺栓是否拧紧，内外卡盘是否将锯片紧紧夹住，锯片的平面是否与电圆锯的水平轴线方向垂直。

（4）检查活动保护罩的转动是否灵活，有无变形，与圆锯片是否相互摩擦，连接是否可靠，操作中是否会脱落。

（5）检查侧手柄是否安装牢靠，握持操作时是否会松动。

（6）检查被切割工件是否被牢牢固定好。

2）电圆锯的使用

（1）启动时电圆锯必须处于悬空位置，其会出现猛然跳动，必须双手握持，手指不得置于开关位置，锯齿必须离开被切割工件，防止电圆锯启动时跳动触碰到被切割工件。

（2）电圆锯启动后应让其空转一段时间，观察锯片运转是否正常，是否有左右摆动的现象，电圆锯是否振动过大，噪声是否正常。

（3）电圆锯在操作过程中一定要注意其电缆的位置，防止被割断造成触电或短路事故。电缆要绕过身后再接入电源，身体不要与电缆接触。

（4）电圆锯在进行切割操作时，双手一定要紧握设备的手柄和侧手柄。手指不可接近高速旋转的锯片，操作者的身体必须与设备保持适当的距离，如图5-45所示。电圆锯的使用可扫描二维码观看视频5-2。

图 5-45　电圆锯切割　　　　视频 5-2　电圆锯的使用

（5）不得在高过头顶的位置使用电圆锯，防止电圆锯或被切割工件脱落造成事故。

（6）作业中应注意音响及温升，发现异常应立即停机检查。在作业时间过长，机具温升超过60℃或烫手或有烧焦味时，应停机，自然冷却后再行作业。

（7）作业中，不得用手触摸刃具，发现其有磨钝、破损等不正常声音、情况时，应立刻停止检查；维修或更换配件前必须先切断电源，并等锯片完全停止。

（8）锯片磨钝需修锉时，应关上电源，拔下插头，待锯片完全停止，才能拆下锯片作业。停电、休息或离开工作场地时应关闭电圆锯电源。加工完毕应关闭电源，并做好设备及周围场地的清洁。

2. 钢筋调直机的使用

钢筋调直机如图5-46所示。

图 5-46　钢筋调直机

1）开机前准备

（1）检查机器各部件是否完好无损，紧固件是否牢固。

（2）确保电源连接正确，接地良好。

（3）检查润滑油是否充足，不足时应及时添加。

（4）根据需要调整调直模的间隙，确保适应不同直径的钢筋。

2）操作步骤

（1）打开电源开关，启动电机。

（2）将待调直的钢筋放入进料口，引导钢筋进入调直模。

（3）观察钢筋的调直情况，适当调整调直模的间隙和电机的转速。

（4）调直后的钢筋从出料口输出，可根据需要截断或继续加工。

（5）操作完成后，关闭电源开关，切断电源。

3）安全注意事项

（1）使用前应确保机器接地良好，防止触电事故发生。

（2）操作时应穿戴好防护用品，如手套、工作服等。

（3）禁止在机器运行时将手伸入调直模内，以免发生危险。

（4）如发现机器有异常响声或发热等情况，应立即停机检查。

4）保管与保养

（1）定期清理机器表面的灰尘和油污，保持机器清洁。

（2）定期检查润滑油的油位，不足时应及时添加。

（3）每季度对机器各部件进行一次全面检查，发现问题及时处理。

（4）长期不使用时，应将机器存放在干燥、通风的地方，并用防尘罩遮盖。存放期间，应定期检查机器各部件是否完好，如有损坏或松动应及时处理。

3. 钢筋弯曲机的使用

钢筋弯曲机可以将钢筋弯成不同的角度和弧度，如图 5-47 所示。

图 5-47　钢筋弯曲机

1）使用前的准备

（1）确认工作环境：钢筋弯曲机应放置在平坦、坚固、无杂物的工作场地上，确保机器稳定且操作空间充足。

（2）准备所需材料：根据工程需求，准备好待弯曲的钢筋，并确保钢筋表面无油污、锈蚀等杂物。

（3）检查附件：确保所有附件（如弯曲模具、定位装置等）齐全且状态良好。

2）安全检查

（1）检查电源线和插头是否完好，无破损或老化现象。

（2）检查机器各部件是否完整，紧固件是否牢固，无松动现象。

（3）确认安全防护装置（如防护罩、挡板等）是否安装正确，工作可靠。

3）操作步骤

（1）开启电源：接通钢筋弯曲机的电源，按下启动按钮，观察电机运转是否正常。

（2）装载钢筋：将待弯曲的钢筋放置在定位装置上，并根据需要调整定位装置的位置。

（3）选择弯曲角度：根据工程要求，选择适当的弯曲模具，并调整相应的角度。

（4）开始弯曲：启动弯曲机，使钢筋在模具中弯曲成型。

（5）卸载钢筋：弯曲完成后，关闭机器，取出成型的钢筋。

（6）关闭电源：操作完成后，应关闭钢筋弯曲机的电源，断开电源插头。

（7）清理现场：清理工作现场，将弯曲好的钢筋堆放整齐，确保工作场地整洁有序。

（8）检查机器：对机器进行一次全面检查，确保各部件完好无损，为下次使用做好准备。

4）注意事项

（1）操作人员应熟悉钢筋弯曲机的结构和性能，并经过专业培训后方可操作。

（2）操作过程中应保持注意力集中，严禁分心或疲劳操作。

（3）在弯曲过程中，禁止将手或其他物品伸入弯曲区域，以免发生危险。

（4）如遇紧急情况，应立即按下急停按钮，切断电源，确保安全。

5）保管与保养

（1）定期清理机器表面和内部积累的灰尘和杂物，保持机器清洁。

（2）定期检查各部件的紧固情况，如有松动应及时紧固。

（3）定期对轴承、齿轮等运动部件进行润滑，确保机器运行顺畅。

（4）长期不使用时，应将机器存放在干燥、通风的地方，并用防尘罩遮盖。

【小贴士】可通过更换弯曲机不同的弯曲模具或调整模具角度来实现不同的弯曲角度；可根据钢筋的材质和直径，适当调整弯曲机的转速，以获得最佳的弯曲效果。

第六章　测量放线

第一节　测量

（一）构、部件的测量

1. 构、部件长度、宽度的测量

1）测量工具的使用

（1）卷尺：卷尺常用来测量部件的尺寸。使用卷尺时，要确保尺子笔直，并注意起点端要固定好。对于弯曲或不规则的部件，需要多测量几个位置以获取准确的数据，如图 6-1 所示。

（2）卡尺：卡尺适用于测量小部件或细节尺寸。使用卡尺时，要确保将测量面与部件表面完全贴合，以避免误差，如图 6-2 所示。

（3）激光测距仪：激光测距仪能够精确测量距离和角度。使用激光测距仪时，要确保对准需要测量的位置，并按照设备的指示操作，如图 6-3 所示。

图 6-1　卷尺　　　　　　图 6-2　卡尺　　　　　　图 6-3　激光测距仪

【小贴士】对于某些角度或斜面的测量，可以使用勾股定理即"勾三股四弦五"来计算长度。通过测量垂直和水平距离，使用勾股定理计算出所需的角度或斜面的长度。

2）房屋长度、宽度的测量

通常用卷尺或激光测距仪来测量房屋长度和宽度。沿着外墙体的外表面拉测，尺子紧贴墙面，并确保水平笔直，避免测量误差。对于比较长的墙体，可以分段测量并累加得到总长度。

3）梁长度、宽度的测量

梁的长度、宽度测量可在梁的上方或下方进行，常使用卷尺沿着梁的外边缘进行测量。注意避开梁上的支撑点或凸出物，可以在不同的位置进行多次测量，以确保数据的准确性。

4）柱高度及长度、宽度的测量

柱的高度通常使用卷尺或激光测距仪从柱底到柱顶进行测量。柱的长宽通常使用卷尺或激光测距仪测量。测量时，应注意避开柱上的装饰线条或其他凸出物，确保尺子与柱的表面平齐。

5）楼板长度、宽度的测量

楼板长宽可在楼板的上方或下方进行，常使用卷尺或激光测距仪沿着楼板的中心线或外边缘进行测量。

6）屋顶长度、宽度的测量

屋顶长宽测量需要根据屋顶的形状和构造进行。对于平屋顶，可直接使用卷尺或激光测距仪测量屋顶长度。对于坡屋顶，需要分别在屋顶不同高度位置进行测量，并记录各个位置的长度。

7）门窗洞口的测量

门窗洞口的测量包括洞口的宽度和高度。常使用卷尺或激光测距仪沿着洞口的内边缘进行测量，记录门窗洞口的实际尺寸，以便选购合适的门窗。

8）楼梯尺寸的测量

楼梯尺寸通常包括梯段尺寸和踏步尺寸。常使用卷尺或激光测距仪测量梯段长和宽，踏步的宽和高常用卷尺测量。

2. 构、部件厚度的测量

1）墙体厚度的测量

墙体厚度通常使用卷尺、卡尺或超声波测厚仪进行测量。在墙体的不同位置（如墙角、门窗洞口旁边等）选取若干个点进行测量，并记录测量数据。对于多层墙体，应分别测量各层的厚度。

2）楼板厚度的测量

楼板厚度的测量可在楼板的下方进行，使用卡尺或钻孔取样方法进行。对于混凝土楼板，可使用超声波测厚仪进行无损测量，确保在多个位置进行测量，以获得楼板的平均厚度。

（1）超声波检测法：可使用超声波测厚仪等专业测量仪器进行测量。将仪器对准楼板表面，测量仪器会显示出楼板的厚度。如图 6-4 所示。

（2）钻孔法：在楼板上钻一个小孔，然后使用卡尺或测量仪器测量孔的深度，即可得到楼板的厚度。这种方法适用于楼板较厚的情况，但会对楼板造成一定的损坏。如图 6-5 所示。

图 6-4 超声波检测法

图 6-5 钻孔法

3）门窗框厚度的测量

门窗框的厚度可使用卡尺进行测量。在门窗框的顶部、底部和侧面分别进行测量，以获取全面的厚度数据。

4）保温层厚度的测量

保温层的厚度可使用卡尺或针式测厚仪在保温层的不同位置进行多点测量。对于较厚的保温层，可考虑在多个层次进行测量。

5）防水层厚度的测量

防水层的厚度通常使用卡尺或专用的防水层测厚仪在防水层不同位置进行多点测量，特别是在关键部位如墙角、管道周围等，以评估防水层的质量和厚度。

（二）构、部件现场位置测量定位

1. 基础现场位置测量定位

在基础垫层打好后，根据龙门板上的轴线钉或轴线控制桩，用经纬仪或用拉绳挂锤球的方法，将轴线投测到垫层面上。依据轴线控制线，用墨线弹出基础中心线和基础边线，并进行严格校核，如图 6-6 所示。

2. 墙、柱现场位置测量定位

根据轴网控制线，先在基础面或楼面弹出各分轴线，再根据分轴线和墙、柱的尺寸，图纸中墙、柱和轴线的位置关系，弹出墙、柱边线及控制线。同一柱列先弹两端柱，再拉通线弹中间柱的轴线及边线，如图 6-7 所示。

图 6-6　基础现场位置测量定位

图 6-7　墙、柱现场位置测量定位

3. 门窗洞口现场位置测量定位

根据图纸中门窗洞口的尺寸和位置，在楼地面上放门窗洞口水平尺寸，如图 6-8 所示，窗台、门口、洞口的竖向标高一般通过皮数杆控制。

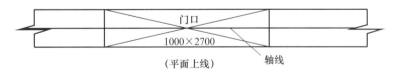

图 6-8　门窗洞口现场位置测量定位

第二节　放线

（一）结构施工控制线的引测

结构施工控制线的引测大致可以分三个阶段：建筑物定位放线、基础施工放线和主体施工放线。

1. 测量放线前的准备

（1）图纸准备：熟悉施工图纸，了解户主要求和相关规范，明确控制线的种类、位置和精度要求。

（2）测量仪器准备：选择合适的测量仪器，如水准仪、经纬仪等，并检查其精度和可靠性，如图 6-9 所示。

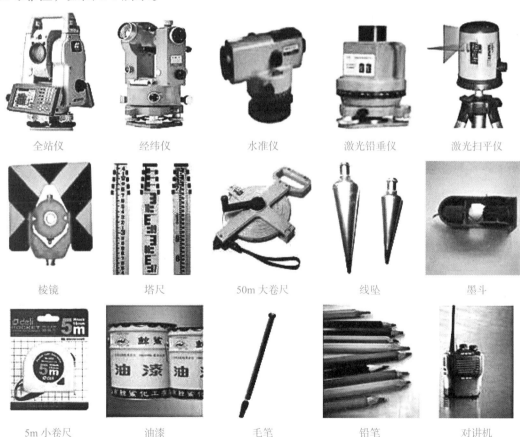

全站仪	经纬仪	水准仪	激光铅垂仪	激光扫平仪
棱镜	塔尺	50m 大卷尺	线坠	墨斗
5m 小卷尺	油漆	毛笔	铅笔	对讲机

图 6-9　测量仪器

（3）施工场地准备：清理施工现场，确保测量场地平整、开阔，无明显障碍物和沉降变形区域。

（4）人员组织：确定测量工匠，进行测量任务的分工和协调。

2. 建筑物定位放线

1）建筑物定位

（1）根据原有建筑物定位

乡村房屋建设可根据与原有建筑物的位置关系定位，如图 6-10 所示。

① 根据村镇规划图提供的定位关系尺寸，定位时先将原有建筑物的 MP、NK 延长在 AB 上交得 1 点和 2 点，确保 1、2 点在 AB 直线上，由 2 点量至 3 点，再由 3 点量至 4 点。AB 为规划基线。

② 分别在 3、4 点安置经纬仪测量 90° 而测定出 EG、FH 方向线。也可利用"勾三股四弦五"定出 EG 和 FH 方向线。

③ 在该方向线上分别测定出 E、G、F、H 点，即为外墙的四个轴线的交点，并打入木桩。该方法也适用于只有原建筑，没有建筑基线 A、B 的情况，只要先按一定的距离由原建筑假设 AB 直线即可。

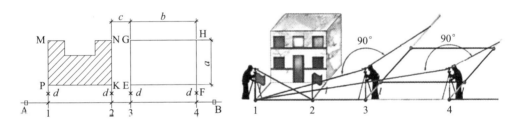

图 6-10　根据原有建筑物定位

（2）根据建筑红线定位

可根据拟建建筑物与村镇规划建筑红线的位置关系，利用建筑物用地边界点测设，如图 6-11 所示。

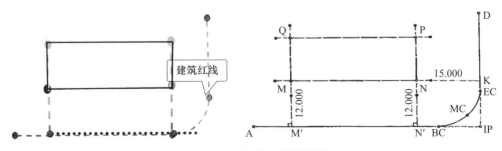

图 6-11　根据建筑红线定位

（3）根据控制点坐标定位

在建筑场地附近如果有已知的测量控制点可以利用，可根据控制点坐标及建筑物定位点的设计坐标，采用确定地面点的方法将建筑物测设定位到地面上，如图6-12所示。

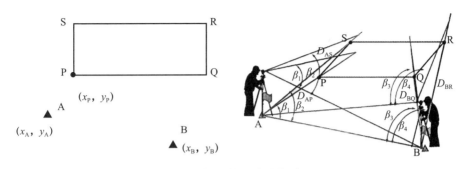

图 6-12　根据控制点坐标定位

2）建筑物的放线

根据已定位的外墙轴线交点桩（角桩），详细测设出建筑物各轴线的交点桩（或称中心桩）。放线方法如下：

（1）在外墙轴线周边测设中心桩位置，用钢尺量出相邻两轴线间的距离，定出其他轴线的交点位置。

（2）由于在开挖基槽时，角桩和中心桩要被挖掉，为了便于在施工中恢复各轴线位置，应把各轴线延长到基槽外安全地点，并做好标志。其方法有设置轴线控制桩和龙门板两种形式。

① 设置轴线控制桩。轴线控制桩设置在基槽外基础轴线的延长线上，作为开槽后各施工阶段恢复轴线的依据，轴线控制桩一般设置在基槽外2～4m处，打下木桩，桩顶钉上小钉，准确标出轴线位置，并用混凝土包裹木桩，如图6-13所示。如附近有建筑物，也可把轴线投测到建筑物上，用红漆做出标志，以代替轴线控制桩。

② 设置龙门板。将各轴线引测到基槽外的水平木板上，水平木板称为龙门板，固定龙门板的木桩称为龙门桩，如图6-14所示。设置龙门板的步骤如下：

a.在建筑物四角与隔墙两端，基槽开挖边界线以外1.5～2m处，设置龙门桩。龙门桩要钉得竖直、牢固，龙门桩的外侧面应与基槽平行。

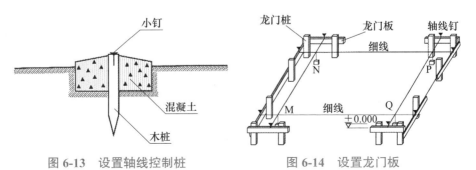

图 6-13　设置轴线控制桩　　　　图 6-14　设置龙门板

b.根据施工场地的水准点，用水准仪在每个龙门桩外侧，测设出该建筑物室内地坪设计高程线（即±0.000标高线），并做出标志。

c.沿龙门桩上±0.000标高线钉设龙门板，这样龙门板顶面的高程就同在±0.000的水平面上。然后，用水准仪校核龙门板的高程，如有差错应及时纠正，其允许误差为±5mm。

d.在N点安置经纬仪，瞄准P点，沿视线方向在龙门板上定出一点，用小钉做标志，纵转望远镜，在N点的龙门板上也钉一个小钉。用同样的方法，将各轴线引测到龙门板上，所钉之小钉称为轴线钉。轴线钉定位误差应小于±5mm。

e.用钢尺沿龙门板的顶面，检查轴线钉的间距，其误差不超过1:2000。检查合格后，以轴线钉为准，将墙边线、基础边线、基础开挖边线等标定在龙门板上。

3.基础施工放线

1）基槽开挖深度的控制

当基槽开挖接近基底标高时，在槽壁上每隔一段距离设置一个水平控制桩，一般比基槽设计标高高出0.5～1.0m，用于拉线找平基础底标高，如图6-15所示。水平桩可作为挖槽深度、修平槽底和打基础垫层的依据。

2）设计标高的控制标记

在开挖达到设计标高后，一般每隔2～3m钉一个30mm×30mm小木桩打入基底，并在小木桩周围撒上白灰点或白灰圈作为基槽开挖到位标记。

3）基础的放线

（1）在基槽开挖完成后，必须复核槽底的标高及几何尺寸，确认无误后准备混凝土垫层施工，混凝土垫层完成后进行基础放线。

（2）基础垫层打好后，根据轴线控制桩或龙门板上的轴线钉，用经纬仪或用拉绳挂锤球的方法，等轴线投测到垫层上，如图6-16所示，并用墨线弹出墙中心线和基础边线，作为基础施工的依据。

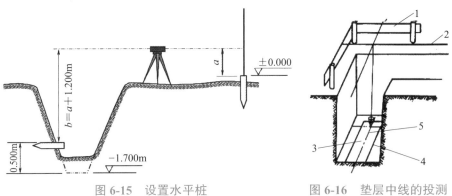

图6-15 设置水平桩

图6-16 垫层中线的投测

1—龙门板；2—细线；3—垫层；
4—基础边线；5—墙中线

4. 主体施工放线

1）首层墙体的定位放线

（1）利用轴线控制桩或龙门板上的轴线和墙边线标志，用经纬仪或拉绳挂锤球的方法将轴线投测到基础面上或防潮层上。

（2）用墨线弹出墙中线和墙边线。

（3）检查外墙轴线交角是否等于90°。

（4）把墙轴线延伸并画在外墙基础上，如图6-17所示，作为向上投测轴线的依据。

（5）把门、窗和其他洞口的边线，也在外墙基础上标定出来。

2）墙体各部位标高的控制

在墙体施工中，墙身各部位标高通常也是用皮数杆控制。

（1）在墙身皮数杆上，根据设计尺寸，按砖、灰缝的厚度画出线条，并标明±0.000、门、窗、楼板等的标高位置，如图6-18所示。

（2）墙身皮数杆的设立与基础皮数杆相同，使皮数杆上的±0.000标高与房屋的室内地坪标高相吻合。在墙的转角处、每隔10～15m设置一根皮数杆。

（3）在墙身砌起1m以后，就在室内墙身上定出＋0.500m的标高线，作为该层地面施工和室内装修用。

（4）第二层以上墙体施工中，为了使皮数杆在同一水平面上，要用水准仪测出楼板四角的标高，取平均值作为楼面标高，并以此作为立皮数杆的标志。

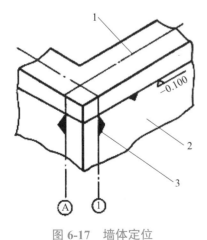

图6-17　墙体定位

1—墙中心线；2—外墙基础；3—轴线图

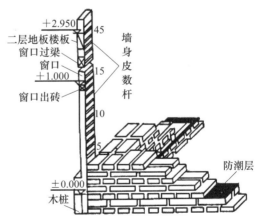

图6-18　墙身皮数杆的设置

3）结构施工控制线的引测

主体结构施工在楼层内建立轴线控制网，控制点不少于4个，如图6-19所示。

结构放线采用双线控制，控制线与定位线间距按照 300mm 引测；轴线、墙柱控制线、周边方正线在混凝土浇筑完成后同时引测，如图 6-20 所示。所有主控线、轴线交叉位置必须采用红色油漆做好标识，如图 6-21 所示。

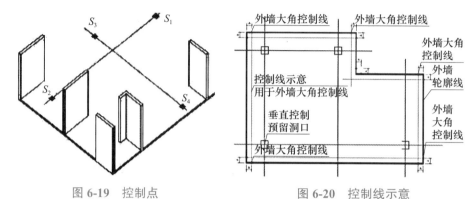

图 6-19　控制点　　　　　　　　　图 6-20　控制线示意

图 6-21　放线红色油漆标识

【小贴士】测量前要对仪器进行准确校准，保证测量结果的准确性；测量过程中要遵循规定的操作流程和精度要求，避免误差的产生；在恶劣天气条件下，如风雨、高温等，应尽量避免进行测量作业，以保证测量人员的安全和测量结果的准确性。

（二）装饰施工控制线的引测

装饰施工控制线有装饰基准线、水平线、装饰完成面线和施工定位线"四线"，装饰工程控制线的引测，是以建筑轴线（土建基准线）和标高为依据，指导整个施工过程的控制线，它就是装饰控制的定位线。在施工现场对图纸标注的内容按 1∶1 比例对地面、墙面、顶面进行精确细致的投放出线，如图 6-22 和图 6-23 所示。

图 6-22　土建原始基准线

图 6-23　土建原始水平线

1. 装饰基准线的引测

由土建基准线引出装饰纵向、横向基准线。根据装饰施工图的要求，在施工现场复核土建纵向、横向基准线是否在允许偏差内。误差在允许范围内，则原土建基准线可直接作为装饰基准线使用，再延伸出各区域中线作为分支装饰基准线。误差比较大时，在土建原始基准线的基础上，进行施工现场二次纠偏复测，即平行移线调整，以达到纠偏满足施工图纸的要求，再确定为装饰基准线并用红色自喷漆，喷好主基准线标注。以主基准线为直角坐标系，测设各房间十字基准线，将这些线投放到地面、墙面及顶棚，并用红漆做好标记，以便在施工中复测，十字交叉点就是装饰工程基准点，如图 6-24 所示。

图 6-24　装饰纵向、横向基准线

基准线的正确使用：在主基准线的基础上延伸到每个角落，放线环节必须工匠亲自参加，确保整个放线过程无误、可控，做到心中有数。

2. 水平线的引测

由土建提供的建筑标高水平点，贯穿各楼层地面、空间标高的控制线。

依据土建提供的各楼层建筑水平点（＋1.0m）对各房间墙面放出水平线。它是控制装饰工程所需高度的定位线，在完成水平线闭合后，对楼层建筑地面进行复核。复核后楼层建筑地面误差在允许范围内，则采用土建提供的水平点（＋1.0m），作为各楼层施工水平线；如果复核后偏差太大，必须重新确定水平线（＋1.0m），工匠按照新确认的水平线进行定位施工。如图6-25所示。

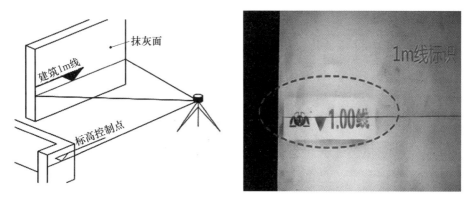

图 6-25　水平＋1.0m 线

3. 装饰完成面线的引测

依据装饰基准线，按施工图要求投放出的装饰完成面线及基层完成面线，主要包括墙面完成面线、吊顶完成面标高线、地面完成面线。

（1）墙面完成面线投放于地面和墙面阴角处，且上墙高度不低于顶面完成面，如图6-26所示。

（2）吊顶和地面完成面线则投放于四周墙面，如图6-27和图6-28所示。

图 6-26　墙面完成面线　　　图 6-27　吊顶完成面标高线　　　图 6-28　地面完成面线

（3）投放墙面完成面线时，应充分复测墙柱面平整度、垂直度、角度方正等土建自身偏差；同时也充分了解饰面材料的物理性能和技术参数以及末端设备管道安装所需空间（包括规格尺寸、收缩性、安装方式等）。注意留缝和节点收口的合理性，确保预留尺寸满足饰面施工拼装需要。

4. 施工定位线的引测

依据装饰基准线，按照装饰施工图投测施工定位线，作为施工参照、引用、控制、测量、下单、包装、运输、二次转运及安装的依据。主要包括主次通道中线、门窗中线、分区定位线、背景／造型中线、墙面饰面定位线、（饰面分界线）、（饰面排版线）、阴阳角定位线、吊顶／造型投影线、地面拼花中线、家具定位线、给水管／强电线管／弱电线管隐蔽线。

（1）主次通道中线是根据通道两侧已放装饰完成面线，按照装饰施工图尺寸测量出通道中点所投放的中间施工定位线，主通道与次通道在无特殊角度或弧度的情况下，应保证90°垂直或平行。此线作为地面排版、吊顶排版、吊顶造型以及顶棚末端（风口、喷淋、喇叭、灯具、烟感等）等施工定位所直接引用的依据。另外，应复核室内通道或入口中线与室外中线或雨棚中线是否一一对应，如图6-29所示。

（2）门窗施工定位线包括门窗中线和门窗基层定位线。根据通道完成面线和通道中线，依据装饰施工图要求投放门窗中线以确定门窗平面安装位置（施工现场能一次性放出通道中线与门中线就一步到位，减少重复投放）；同时，根据门窗设计尺寸要求和成品门窗安装连接构造，确定与基层施工定位线（门套与基层的连接空隙一般控制在8mm±2mm）加上门套基层制作所需厚度，复测土建预留门洞位置和宽高是否符合门套基层制作和成品门窗安装需要，根据实际预留情况进行基层找补，如图6-30和图6-31所示。

图6-29 通道中心线　　　　图6-30 门中心线　　　　图6-31 窗中心线

（3）分区定位线是区分区域的控制线，它是依据施工图的要求，将不同的区域间的相关相邻位置区分开，如干湿区的区分、玄关区分、客房内外的区分等，使每个区间有一定的控制范围及内容。如客房装修中，户内卫生间与卧室的区分都是按照施工图的要求来完成定位的。其意义在于干湿区确定后，就能将卧室内的电视机及床中心线投放出来，此线为干区"灵魂线"，主控干区内各机电末端点位定位以及家具功能性定位。还要注意的是功能性的要求，在分区定位放线时，要考虑到满足功能性。

如入户门开启时，能顺畅打开到 90° 后不会碰到任何物件且保证开启后的最小值，如图 6-32 和图 6-33 所示。

（4）阴阳角定位线是依据施工图要求，结合施工现场放出的偏差校正后的定位线，它是原结构也存在的实体阴阳角，部分因图纸要求改变的定位线，也是墙面完成面线在此区域投放的位置，如图 6-34 和图 6-35 所示。

（5）吊顶／造型投影线是依据施工图要求，在确定 ±0.000 标高后，在墙面投放出吊顶／造型高度的线。它是指导吊顶以上各工序施工环节能够正常施工的定位线，也是检查其他工序在吊顶以上施工是否存在偏差的依据，如图 6-36 和图 6-37 所示。

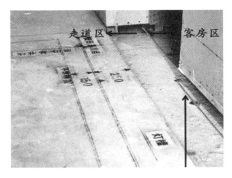

图 6-32　客房走道分区线

图 6-33　干湿分区线

图 6-34　阴角定位线

图 6-35　阳角定位线

图 6-36　吊顶投影线

图 6-37　造型投影线

（6）家具定位线是依据基准线按照施工图要求放出的相关功能的定位线，如图 6-38 和图 6-39 所示。

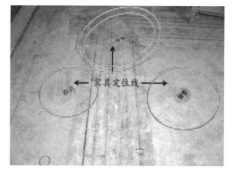

图 6-38 家具定位线（1）　　　　图 6-39 家具定位线（2）

（三）建筑物各层标高的引测

建筑物各层标高的引测是施工过程中的一项重要任务，它确保了各楼层在同一水平面上，从而使建筑物能够按照设计要求进行建造。以下是建筑物各层标高引测的基本步骤：

（1）准备工作：在开始引测前，需要准备好相关的测量工具，如水准仪、标尺、测量绳等。同时，要确保建筑物各层楼面的清洁，以减小测量误差。

（2）水准点的确定：选择一个稳定的水准点，通常是建筑物的底层或基础层。在这个水准点上，使用水准仪进行高程测量，并以此为起点进行引测，如图 6-40 所示。水准点应设于坚实、不下沉、不碰动的地物上或永久性建筑物的牢固处，也可设置于外加保护的深埋木桩或混凝土桩上，并做出明显标志。

（3）架设仪器：将标高引测仪放置在基准点上，调整水平仪确保仪器水平，然后，使用钢尺将所需楼层的高度传递到基准点，并标记出该楼层的高度。

（4）逐层引测：从水准点开始，使用测量绳和标尺逐层向上或向下引测。每一层的标高都需要与基准点进行比较，以确保各层之间的标高差符合设计要求。

① 基础阶段：高程测量直接用水准仪由地面上高程控制点进行引测。要注意标高的控制，注意不要超挖，基槽较深就要一步一步传递，可在基坑边上测出标高，这样每次可从此位置用钢尺检查，如图 6-41 所示。

② 主体阶段：结构施工时，在首层施工完成后，将高程控制点引至外壁无遮挡的柱身上，或在楼梯间，随着结构上升，用钢卷尺将高程向上传递。每砌高一层，就从楼梯间用钢尺从下层的"＋0.500m"标高线，向上量出层高，测出上一层的"＋0.500m"标高线，这样用钢尺逐层向上引测。

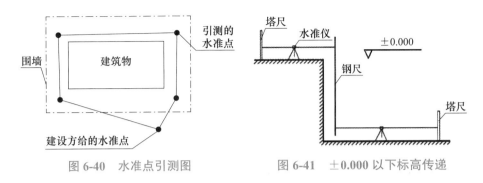

图 6-40　水准点引测图　　　图 6-41　±0.000 以下标高传递

（5）误差的调整：如果发现有误差存在，需要及时进行调整。对于误差较小的情况，可以通过调整仪器或重新引测来解决；对于误差较大的情况，可能需要重新进行施工或者修正。

（6）数据的记录：在每一层进行标高引测时，需要详细记录测量数据。

（7）质量把控：在整个标高引测和调整过程中，需要严格把控质量关。对每个环节进行认真检查和验收，确保每一步工作的准确性和可靠性。

（四）建筑物各层轴线、控制线的引测

在乡村房屋建设过程中，为保证建筑物轴线位置正确，可用吊锤球或经纬仪将轴线投测到各层楼板边缘或柱顶上，再根据轴线引测构件边线和控制线。

1. 吊锤球引测

将较重的锤球悬吊在楼板或柱顶边缘，当锤球尖对准基础墙面上的轴线标志时，线在楼板或柱顶边缘的位置即为楼层轴线端点位置，并画出标志线，如图 6-42 所示。各轴线的端点投测完后，用钢尺检核各轴线的间距，符合要求后，继续施工，并把轴线逐层自下向上传递。

【小贴士】吊锤球法简便易行，不受施工场地限制，一般能保证施工质量。但当有风或建筑物较高时，其投测误差较大，应采用经纬仪投测法。

2. 经纬仪引测

在轴线控制桩上安置经纬仪，整平后，瞄准基础墙面上的轴线标志，用盘左、盘右分中投点法，将轴线投测到楼层边缘或柱顶上，如图 6-43 所示。将所有端点投测到楼板上之后，用钢尺检核间距，相对误差不得大于 1/2000。检查合格后，方可在楼板分间弹线，继续施工。

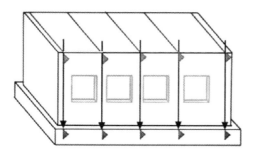

图 6-42　吊锤球引测轴线

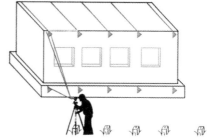

图 6-43　经纬仪引测轴线

第七章 工程施工

第一节 加工制作

（一）管线加工制作方法

1. PP-R 给水管热熔连接

（1）选取配套的热熔连接配套管件，如图 7-1 所示。

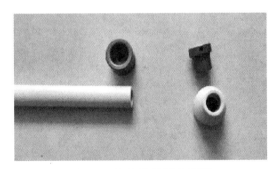

图 7-1 热熔连接配套管件

（2）在热熔连接前对要被连接的管材和配套管件进行预插，以判断选取的管件与管材是否配套，如图 7-2 所示。

图 7-2 管件预插

（3）管材或管件在热熔连接前应使用干净的干布将承口内外侧擦拭干净，不得有灰尘、水分等，如图 7-3 所示。

图 7-3　擦拭管件承接口

（4）对热熔机通电预热，直至热熔机温度控制指示灯亮，达到热熔连接温度，如图 7-4 所示。

图 7-4　对热熔机通电预热

（5）管材应根据配套管件实测承口深度并在管端表面标记插入深度，如图 7-5 所示。

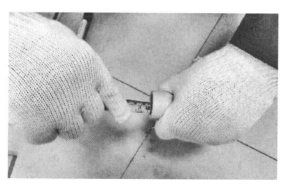
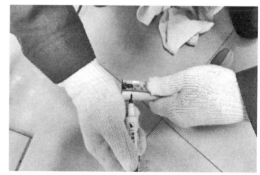

图 7-5　标记插入深度

（6）加热、加工时间及冷却时间应严格执行标准要求。加热时，把管材和管件无旋转地推到加热头套上，达到加热时间后，把管材和管件从加热模头上同时取下，然后无旋转直线均匀地插到所标深度，使接头处形成均匀凸缘，如图 7-6 所示。

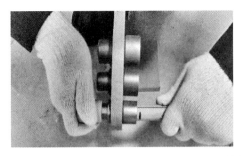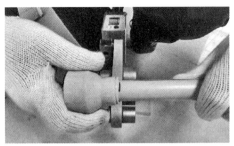

图 7-6　热熔连接过程

（7）在规定的加工时间内，刚熔接好的接头还可进行校正，但不能旋转，如图 7-7 所示。

2. 钢管套丝

钢管套丝即在普通镀锌钢管表面加工出管螺纹，管螺纹的加工方法主要有两种，分别是人工套丝和机械套丝。

1）人工套丝

在人工套丝中，会用到手动套丝板和管子压力钳，如图 7-8 所示。管子压力钳的作用是压紧钢管，避免在套丝的时候旋转。操作过程如下：

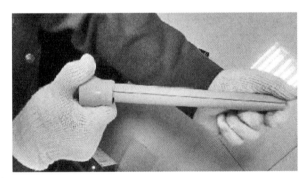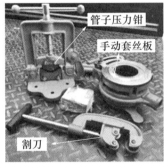

图 7-7　热熔后修正接头　　　　　图 7-8　手动套丝工具

（1）首先将钢管固定于支架上，前端留出一定长度用于套丝，如图 7-9 所示。

（2）将与钢管尺寸匹配的牙模头装在棘轮手柄上，套丝机与钢管连接，如图 7-10 所示。

（3）开始套丝时，左手用力推牙模头，右手操作棘轮手柄，使牙模头顺时针旋转（右手螺纹），如图 7-11 所示。

（4）在板牙吃进管道一圈后，可松开左手，靠板牙上的纹路自行进给，此时可适当加一些切削油。当管道的边缘与板牙末端相平齐时，停止套丝。此时将棘轮手柄调节为反转，慢慢将牙模头退出管道，套丝完成，如图 7-12 所示。

图 7-9 固定钢管

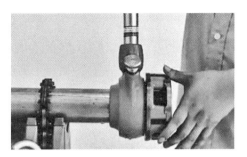

图 7-10 钢管与套丝机连接

图 7-11 顺时针旋转手柄

图 7-12 完成套丝

2）机械套丝

对于机械套丝，需要选择合适的切削工具，如螺纹刀或螺纹铣刀。根据螺纹的要求和标准，设置好加工参数，包括螺纹的尺寸、螺距等，然后将工件固定在加工设备上进行切削操作。电动套丝机结构组成如图 7-13 所示。

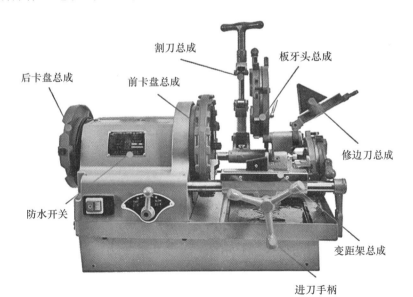

图 7-13 电动套丝机结构组成示意图

电动套丝机使用操作步骤：

129

（1）装板牙

根据板牙编号（图7-14），向板牙的槽内插入对应编号的板牙（图7-15），插入板牙时，须注意：板牙是成套配置的，所以必须成套使用，当一块板牙损坏时，就得更换整套板牙，以避免影响套丝质量。

当板牙插入槽中至正确深度时，其锁紧口就会与曲线盘锁键齿合，然后扳动曲线盘，该板牙就能被正确定位，然后锁紧。

图7-14　板牙编号

图7-15　对应编号安装板牙

（2）装夹管子

① 松开前后卡盘，从后卡盘一侧将管子穿入。

② 用右手抓住管子，先旋转后卡盘，再旋紧前卡盘将管子夹牢，然后将锤击盘按逆时针方向适当捶紧，管子就加紧了，如图7-16所示。

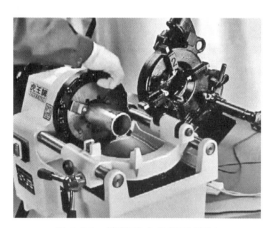

图7-16　锁紧前卡盘锁紧管材

③ 完成套丝倒角工作后，只要朝相反方向推动捶击盘，就能将管子松开。

④ 在装夹短管时够不着后卡盘，只要将前卡盘稍松开，放入短管，并使其与板牙斜口接触，这有助于捶紧前卡盘时保证管子处于中心位置。

（3）套丝

① 扳起割刀架和倒角架，放下板牙头，使其与方形块接触，待板牙头可靠定位时，再操作按钮，启动机器。

② 打开启动按钮，此时管子沿逆时针方向旋转，然后旋转滑架手轮，使板牙头朝管子靠近，同时冷却润滑油开始流出。

③ 在滑架手轮上施力，直到板牙头在管子上套出 3～4 牙螺纹。

④ 此后放开滑架手轮（松手），机器开始自动套切，当板牙头的滚子越过方形块落下时，板牙会自动张开，套丝结束。

⑤ 停机：退回滑架，直到整个板牙头都从管子端退出，拉出板牙头锁紧扳手，同时扳起板牙头。

【小贴士】在板牙与管子接触时旋紧滑架手轮的力应逐渐增大，直至板牙与管子咬入 3～4 牙为止。此时滑架手柄上稍用力以保持与板牙同步，就能获得最佳套丝质量。

（二）其他配件外观检查方法

1. 阀门

1）阀门标准型号组成

水暖管道常用的阀门种类较多，起着不同的作用，且都有一个特定的型号。其型号是为了区分各种阀门的类别、驱动形式、连接形式、结构形式、密封圈或衬里材料、公称压力及阀体材料，如图 7-17 所示。以上阀门特性以 7 个单元按下列顺序排列：

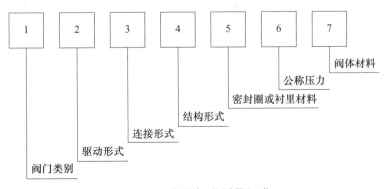

| 1 | 2 | 3 | 4 | 5 | 6 | 7 |

阀门类别
驱动形式
连接形式
结构形式
密封圈或衬里材料
公称压力
阀体材料

图 7-17　阀门标准型号组成

第一单元为阀门类别，用汉语拼音字母表示，见表7-1。

阀门类别及代号　　　　　　　　　　　表7-1

阀门类别	代号	阀门类别	代号
截止阀	J	蝶阀	D
闸阀	Z	节流阀	L
减压阀	Y	调节阀	T
止回阀	H	柱塞阀	U
安全阀	A	疏水器	S
旋塞阀	X	隔膜阀	G
球阀	Q	排污阀	P

第二单元为阀门的驱动形式，用阿拉伯数字表示，见表7-2。

驱动形式及代号　　　　　　　　　　　表7-2

驱动形式	代号	驱动形式	代号
电磁动	0	锥齿轮	5
电磁 - 液动	1	气动	6
电 - 液动	2	液动	7
涡轮	3	气 - 液动	8
正齿轮	4	电动	9

第三单元为连接形式，用阿拉伯数字表示，见表7-3。

第四单元为阀门的结构形式，用阿拉伯数字表示，见表7-4。

第五单元为密封圈或衬里材料，用汉语拼音字母表示，见表7-5。

连接形式及代号　　　　　　　　　　　表7-3

连接形式	代号	连接形式	代号
内螺纹	1	杠杆式安全阀法兰	5
外螺纹	2	焊接	6
双弹簧安全阀法兰	3	对夹	7
法兰	4	卡箍	8

结构形式及代号　　　　　　　　　　表 7-4

阀门类别	代号									
	1	2	3	4	5	6	7	8	9	0
闸阀	明杆楔式单闸板	明杆楔式双闸板	明杆平行式单闸板	明杆平行式双闸板	暗杆楔式单闸板	暗杆楔式双闸板		暗杆平行式双闸板		
截止阀	直通式	角式			直流式					
止回阀	直通升降式	立式升降式		单瓣旋启式	多瓣旋启式					
减压阀	薄膜式		活塞式	波纹管式	杠杆式					
蝶阀	垂直板式		斜板式							杠杆式
旋塞阀	直通式	调节式	直通填料式	三通填料式	保温式	润滑式				
安全阀	微启式	全启式								
疏水器	浮球式			浮桶式	钟形浮子式			脉冲式	热动力式	

密封圈或衬里材料代号　　　　　　　　表 7-5

材料	代号	材料	代号
铜合金	T	硬橡胶	J
橡胶	X	衬胶	J
不锈钢、耐酸钢	H	衬铅	Q
渗氮钢	D	氟塑料	F
巴氏合金	B	尼龙塑料	N
硬质合金	Y	搪瓷	C
渗硼钢	P	石墨石棉	S

注：密封面由阀体直接加工的材料代号为 W。

第六单元用公称压力的数值直接表示，并用"-"与第五单元隔开。

第七单元为阀体材料，用汉语拼音字母表示，见表7-6。对 $PN \leqslant 1.6\text{MPa}$ 的灰口铸铁阀门和 $PN \geqslant 2.5\text{MPa}$ 的碳钢阀门可省略本单元。

阀体材料代号   表7-6

材料名称	代号	材料名称	代号
灰铸铁	Z	铬钼系钢	I
可锻铸铁	K	铬钼系不锈钢	P
球墨铸铁	Q	铬镍钼系不锈钢	R
铜及铜合金	T	铬钼钒钢	V
碳钢	C	塑料	S

例如，某阀门型号 Z942T-10，根据代号顺序：Z 表示闸阀；9 表示电动机驱动；4 表示法兰连接；2 表示明杆楔式双闸板；T 表示铜密封圈；10 表示公称压力 1MPa；阀体由灰铸铁制造。

又如，某阀门型号 J21W-16P，代表直通式外螺纹连接截止阀，密封面由阀体直接加工，公称压力 1.6MPa，手轮驱动。

2）阀门无损检测步骤及方法

（1）准备工作：包括收集阀门相关信息、确定检测设备和方法、组织检测人员等。

（2）外观检查：通过对阀门外表进行目测、触摸等方式进行检查，查看是否存在裂缝、锈蚀、变形等外观缺陷。

（3）声波检测：利用声波传感器对阀门进行扫描，检测是否存在内部裂纹、疲劳、松动等问题。

（4）超声波检测：使用超声波传感器对阀门进行扫描，检测其内部是否存在缺陷、厚度变化等。

（5）磁粉检测：利用磁粉检测仪器对阀门进行检测，找出存在于表面和近表面的裂纹、腐蚀等。

3）阀门无损检测周期报告

阀门无损检测周期报告是对阀门无损检测结果的总结和归纳，其主要内容包括以下几个方面：

（1）检测概况：包括检测时间、地点、检测人员等基本信息。

（2）检测对象：对检测的阀门进行具体描述，包括型号、规格、材质等。

（3）检测结果：将检测结果进行详细记录，包括各类缺陷、问题以及位置、大小、程度等。

（4）评估和建议：根据检测结果进行评估，给出相应的建议和解决方案。

（5）报告结论：对阀门无损检测结果进行综合评价，并给出检测合格或不合格的结论。

2. 管件

（1）检查复验报告。

检查管材及管件的材质、规格、型号、质量等是否符合国家现行有关产品标准和设计要求。

（2）用钢尺和游标卡尺测量。

检查管材及管件的规格尺寸和壁厚及允许偏差是否符合产品标准和设计要求。

（3）观察检查。

检查管件表面有无裂纹、缩孔、夹渣、重皮和不超过壁厚负偏差的锈蚀或凹陷等缺陷。检查管件螺纹表面是否完整、无损伤，法兰密封面是否平整、光洁、无毛刺及径向沟槽，垫片有无老化变质或分层现象。

3. 灯具

1）外观完整性

检测灯具的外观完整性，可以判断产品是否存在明显的划痕、裂纹、气泡、杂质等问题。对于灯具来说，外观完整性不仅影响其美观度，还可能影响其防水、防尘性能。

2）颜色一致性

将灯具放置在标准光源下，观察其颜色是否与设计图稿相符，并注意是否存在色差、色彩不均匀等问题。

3）结构稳定性

仔细观察灯具的结构设计是否合理，各部件连接是否牢固，是否存在松动、脱落等问题。同时，对于需要安装电池或接电的灯具，应检查其电气部分是否安全可靠。

4）表面处理

仔细观察灯具的表面处理是否均匀、光滑，是否存在气泡、杂质等问题。同时，应注意检查表面处理层是否具有防水、防尘、耐高温等性能。

5）标识清晰度

仔细观察标识是否清晰可见，内容是否准确无误。同时，应注意检查标识是否符合相关法规和标准要求。

第二节　现场施工

（一）给水排水管道安装方法

1. 室外给水管道的安装

1）工艺流程

室外给水管道安装工艺流程一般为：放线→挖槽→管道接口安装→管道安装→管身回填→管道试压→管道冲洗消毒→管沟回填。

2）放线（图7-18）

所谓放线，就是确定管道要埋设的位置和经过的路线，在工地作实际的测量、规划、定位，在定线前，管沟经过路线的所有障碍物都要清除，并准备木桩与石灰（在内街放样可以采用红漆），依批文图的路线定线、放样，以便于管沟的挖掘。

3）挖槽（图7-19）

图7-18　放线　　　　　图7-19　挖槽

（1）挖槽之前应当充分了解开槽地段的土质及地下水位情况，根据管道直径、埋设深度、施工季节和地面上的建筑物等情况确定沟槽的形式。

（2）沟槽开挖采用人机配合的方法，在确认无地下障碍的地段采用挖掘机开挖，有地下障碍或障碍不清楚的地段，沟槽采用人工开挖方法，机械挖土应留出20cm厚余土，再用人工统一清底至设计标高，不允许破坏槽底原状土。管道管底应铺设200～300mm厚中砂，整平夯实后方可铺设管道。

（3）沟槽边坡比为1：0.33，遇不坚实土壤地段，沟槽两侧可以加大放坡，不宜长时间晾槽。当沟槽有地下水情况时，应有排水措施，可采用明沟集水井或人工降低地下水位。

4）管道接口安装

（1）给水管道常采用铸铁管、混凝土管、钢管等管材，这些管材多采用承插连接。承插连接就是将管子（管件）的插口插入管道的承口内，周围充塞填料进行密封的一种连接方式。承插连接常用的填料有油麻、胶圈、水泥、石棉水泥、石膏、青铅等。

（2）承插连接分为刚性和柔性两种。刚性承插连接是用管道插口插入管道的承口内，对正后，先用嵌缝材料嵌缝，然后用密封材料密封，使之成为一个牢固的封闭的管道接口。柔性承插连接接头在管道承插口的正封口上放入富有弹性的橡胶圈，然后施力将管子插端插入，形成一个能适应一定范围内的位移和振动的封闭管接头。

5）管道安装

（1）把预制完的管道先在槽口排列成行，并检查接口、管腔清理情况。

（2）承口朝来水方向顺序安装。管道中心线必须与定位中心线一致，调整管底标高。管道转弯处及始端应采用木方等支撑牢固，防止捻口时管道轴向移动。承插口之间的环形间隙应均匀一致，不得小于3mm。

（3）管道暂时停止安装时，两端应临时封堵，以防止异物进入管内。

（4）闸阀安装时，应先将法兰闸两端管件进行组装连接，再整体安装。

（5）井室砌筑应严格按图纸及设计要求的几何尺寸和技术要求砌筑。闸井砖砌井室内壁用1：2水泥砂浆抹面，厚度为10mm。井室砌筑时预埋止水环和钢套管，待穿管后用油麻、水泥砂浆将管道和套管之间的环缝填满、捣实即做刚性防水。砌筑完成后，要及时安装好井盖并及时回填土以恢复地貌。

6）管线试压

水压试验的管段长度一般不超过1km。在管件支墩做完，并达到要求强度后做压力试验，对未做支墩的管件应做临时支架。埋地管道，须在管基检查合格，管身上部回填土不小于500mm后（管道接口工作坑除外），方可作压力试验。试压前打开排气阀，缓慢地向试压管道中注水，同时排出管道内的空气。

钢管试压1.0MPa，球墨管、UPVC管试压0.7MPa，10min内压力降低值以小于0.05MPa为合格，打开离试压点最远处的排气阀卸压，压力表值下降表示管段连通，完成试压。在试压管段上的消火栓、安全阀、自动排气阀等处试压时应设盲板，将所有敞口堵严，试压合格后，须立即将阀门、消火栓、安全阀等处所设的盲板撤下，恢复这些设备的功能。

7）管道冲洗、消毒

（1）冲洗水的排放管应接入可靠的排水井或排水沟，并保持通畅和安全。排放管截面不应小于被冲洗管截面的60%。

（2）管道应以不小于1.0m/s流速的水进行冲洗。

（3）管道冲洗应以出口水色度和透明度与入口一致为合格。

（4）管道冲洗后用消毒液灌满管道，使水中含有的氯离子浓度达到20～30mg/L，消毒水在管道内滞留24h后排放，再用自来水冲洗，经水质部门检验合格后方可投入使用。

8）管沟回填

（1）下管前填砂，填砂前，沟底先整平，清除凸出的石头、砖块，沟底填砂10mm以上。

（2）下管后填砂，如原管沟的挖方为砂或砂土，可原挖方回填；如原挖方为土石方，则管底填砂10cm，管顶还要填砂10～30cm厚，然后上方再覆土。

（3）回填砂土需要淋水夯实，但夯实时不得伤害管体。

2. 室内给水管道的安装（图7-20）

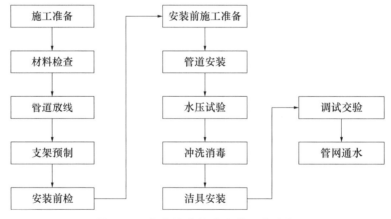

图7-20　室内给水管道安装工艺流程

（1）材料要求

管件的规格应符合设计压力要求，管壁薄厚均匀，内外光滑整洁，不得有砂眼、裂纹、毛刺和疙瘩；承插口的内外径及管件应造型规矩，管内外表面的防腐涂层应整洁均匀，附着牢固。管材及管件均应有出厂合格证。

镀锌碳素钢管及管件的规格种类应符合设计要求，管壁内外镀锌均匀，无锈蚀、无飞刺。管件无偏扣、乱扣，丝扣不全或角度不准等现象。管材及管件均应有出厂合格证。

（2）施工机具

施工机械：套丝机、砂轮锯、台钻、电锤、手电钻、电焊机、电动试压泵等。

施工工具：套丝板、管钳、压力钳、手锯、手锤、活扳手、链钳、煨弯器、手压泵、捻凿、大锤、断管器等。

部分施工机具如图 7-21～图 7-29 所示。

图 7-21　手动套丝板

图 7-22　割刀

图 7-23　管钳

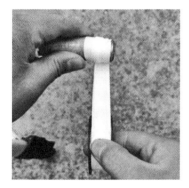

图 7-24　管道缠绕生料带

图 7-25　电动套丝机

图 7-26　管子压力钳

图 7-27　液态生料带

图 7-28　管道用麻

图 7-29　铅油

（3）施工作业条件

① 地下管道铺设必须在房心土回填夯实或挖到管底标高，沿管线铺设位置清理

干净，管道穿墙处已留管洞或安装套管，其洞口尺寸和套管规格符合要求，坐标、标高正确。

② 暗装管道应在地沟未盖沟盖或吊顶未封闭前进行安装，其型钢支架均应安装完毕并符合要求。

③ 明装托架、吊架安装必须在安装层的结构顶板完成后进行。沿管线安装位置的模板及杂物清理干净，托吊卡件均已安装牢固，位置正确。

（4）安装步骤

室内给水管道简要安装步骤见表7-7。安装过程中的要点如下：

① 立管明装：每层从上至下统一吊线安装卡件，将预制好的立管按编号分层排开，按顺序安装，对好调直时的印记，丝扣外露2～3扣，清除麻头，校核预留甩口的高度、方向是否正确。外露丝扣和镀锌层破损处刷好防锈漆。支管甩口均加好临时丝堵。立管截门安装朝向应便于操作和修理。安装完后用线坠吊直找正，配合土建堵好楼板洞。

② 立管暗装：竖井内立管安装的卡件宜在管井口设置型钢卡架，上下统一吊线安装卡件。安装在墙内的立管应在结构施工中须留管槽，立管安装后吊直找正，用卡件固定。支管的甩口应露明并加好临时丝堵。

③ 支管明装：将预制好的支管从立管甩口依次逐段进行安装，有截门应将截门盖卸下再安装，根据管道长度适当加好临时固定卡，核定不同卫生器具的冷热水预留口高度、位置是否正确、找平找正后裁支管卡件，去掉临时固定卡，上好临时丝堵。支管如装有水表先装上连接管，试压后在交工前拆下连接管，安装水表。

④ 支管暗装：确定支管高度后画线定位，别出管槽，将预制好的支管敷在槽内，找平找正定位后用勾钉固定。卫生器具的冷热水预留口要做在明处，加好丝堵。

室内给水管道简要安装步骤　　　　　　　　　　　　表 7-7

1. 弹线定位	2. 开槽
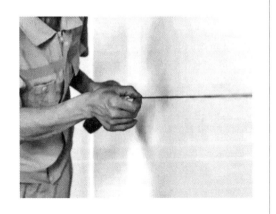	

续表

3. 布管	4. 测试压力

5. 封槽

【小贴士】冷热水管道水平上下并行安装时，热水管在冷水管上边，冷水管在下边；垂直安装时，热水管在冷水管面向的左边；在卫生器具上安装冷、热水龙头，热水龙头应安装在面向的左侧，冷水龙头安装在面向的右侧。

3. 排水管道安装

排水管道安装分为室内和室外两种，室外的排水管道安装流程可以参见给水管道安装流程，但是不需要做打压试验，须做满水试验，确保排水管网无渗漏现象。排水管道施工安装流程如图 7-30 所示。

图 7-30　排水管道施工安装流程

1）安装准备

安装前熟悉图纸，核对各种管道的坐标、标高是否有交叉。

作业条件：预留孔洞、预埋件已完成，室内地坪线应弹好，初装修抹灰工程已完成。

作业工具包括：手电钻、冲击钻、手锯、铣口器、钢刮板、活扳手、手锤、水平尺、套丝板、毛刷、棉布、线坠等。

2）预制加工（图 7-31）

根据预留口位置测量管道尺寸，断管，试插后粘接，接口方式为插入式粘接。给排水管道穿过现浇板、屋顶、剪力墙、柱子等处，均应预埋套管，有防水要求处应焊有防水翼环。套管尺寸给水管一般比安装管大二挡，排水管一般比安装管大一挡。

图 7-31　水管预制加工

3）支架、吊架安装

支架、吊架先行，管道随后，重力吊线保证支架在同一水平距离，即重力线必须在预留洞口圆中心，确保立管安装后垂直，如图 7-32 所示。

图 7-32 支架、吊架安装

4）立管安装

（1）立管要正、直，安装完后要装阻火圈和防水套管，顶板到三通口中心距离不超过 35cm。

（2）PVC 管垂直穿墙、板、梁、柱时应加套管，穿越地下室外墙时应加防水套管，穿越楼板和屋面时应做好防水措施，管道穿楼板应采用不燃烧材料将其周围的缝隙填塞密实，如图 7-33 所示。

（3）与大气相连的生活排水立管及通气立管的顶端应设通气帽。

（4）塑料排水管立管每隔 6 层设置一个检查口，最低层和设有卫生器具的二层以上建筑物的最高层应设置检查口，立管拐弯处和乙字管上部应设置检查口。如图 7-34 所示首层设置检查口。

图 7-33 套管与排水管缝隙封堵

图 7-34 首层设置检查口

5）支管安装（图 7-35）

（1）排水管和出户管连接应用两只 45° 弯头，90° 弯头须采用带检查口弯头，根据管段长度调整好坡度，塑料排水管横支管坡度为 0.026。

（2）户内支管穿墙加套管尺寸，穿墙套管长度＝墙体厚度＋50mm，套管内径＝管道外径＋10mm。管道穿楼板、隔墙和防火墙处应采用不燃烧材料将其周围的缝隙填塞密实。

（3）所有存水弯水封深度≥50mm，PVC排水立管每层均设伸缩节一个，间距不超过4m，伸缩节的作用是消除热胀冷缩产生的应力。

（4）支管与主管连接采用顺水三通或斜三通。预埋件不宜靠近墙体，距离墙体保持2cm左右。

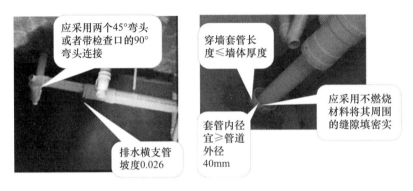

图7-35　支管安装要点

6）封堵

采用预留吊洞堵模方式封堵楼板与管道间的缝隙，取代传统工序，用铁丝吊胶合板工序，如图7-36所示。

7）阻火圈安装

阻火圈安装时应紧贴楼板底面或墙体，并应采用膨胀螺栓固定。当管径大于或等于110mm时，在以下部位应设阻火圈：明敷立管穿越楼层的贯穿部位，横管穿越防火分区隔墙和防火墙的两侧，横管穿越管道井井壁或管窟窿护墙体的贯穿部位。

阻火圈外壳、底板、锁紧件等都为镀锌碳钢或不锈钢材料，芯板为膨胀材料，如图7-37所示。阻火圈的耐火极限不应小于安装部位建筑构件的耐火极限，外侧管道阻火圈的耐火极限不应小于贯穿部位建筑构件的耐火极限。

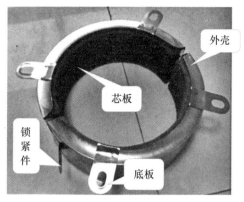

图 7-36　预留吊洞堵模封堵缝隙　　　　图 7-37　阻火圈的组成部分

8）闭水试验

闭水试验合格的标准是不渗不漏、水位不下降。

9）通球试验

排水立管和水平干管必须进行通球试验，通球率 100% 为合格。

10）成品保护

油漆粉刷前应将管道用薄膜包裹，以免污染管道，管道安装完成后，应将所有管口封闭严密，防止杂物进入，造成管道堵塞，如图 7-38 所示。

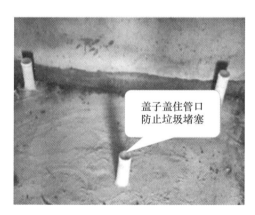

图 7-38　成品保护注意事项

（二）电线管、盒安装方法

1. 电线管加工

根据设计要求，确定电线管的型号和规格。对电线管进行切割，确保切割面平整、无毛刺，如图 7-39 所示。对电线管进行弯曲加工，确保其形状和角度符合设计要求，如图 7-40 所示。对电线管进行连接，确保连接处牢固、密封。

图 7-39　电线管切割平面　　　　图 7-40　电线管弯曲加工

2. 电线管敷设

根据设计要求，确定电线管的敷设路径和固定位置。在电线管的固定位置钻孔，并插入膨胀螺栓。将电线管固定在膨胀螺栓上，确保其位置正确、牢固。在电线管敷设过程中，应保持管口畅通，避免堵塞。安装效果如图 7-41 所示。

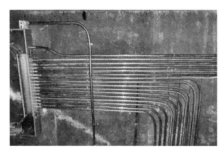

图 7-41　线管敷设现场

3. 电线盒安装

根据设计要求，确定电线盒的型号和规格。在电线盒的安装位置钻孔，并插入膨胀螺栓。将电线盒固定在膨胀螺栓上，确保其位置正确、牢固。在电线盒安装过程中，应保持其表面平整、无损伤。图 7-42 为线盒暗装和明装方式示意图。

图 7-42　暗装线盒和明装线盒

4. 穿线

根据设计要求，选择合适的导线型号和规格。将导线穿入电线管或电线盒中，确保其顺畅、无卡滞。在穿线过程中，应注意保护导线的绝缘层，避免损伤。在穿线完成后，应检查导线是否牢固、有无挤压或弯曲。

5. 检测与调试

对电线管、盒安装进行检查，确保其符合设计要求。对电线管、盒进行通电测试，检查其是否正常工作。如发现异常情况，应立即停机检查并排除故障。在检测与调试完成后，应做好记录并提交验收报告。

（三）桥架及电缆安装方法

1. 测量与规划

根据安装位置和布局要求，对桥架和电缆的长度、走向、角度等进行测量和规划。根据测量结果，绘制桥架和电缆的安装图纸，并标明尺寸和安装要求。根据图纸和要求，准备所需的桥架和电缆，并对桥架和电缆进行检验和标识。

2. 安装基础结构

根据安装图纸，制作基础结构框架，包括立柱、横梁等。将基础结构框架安装在指定位置，确保水平度和垂直度符合要求。对基础结构进行固定和支撑，确保其稳定性和承重能力。

3. 安装桥架

将桥架安装在基础结构上，确保桥架的水平度和垂直度符合要求。使用紧固件将桥架与基础结构固定牢固。根据图纸要求，对桥架进行切割和拼接，确保连接处平整、牢固。对桥架内部进行清理和修整，确保无杂物和毛刺。图 7-43 所示为桥架横梁暗装效果图，图 7-44 为桥架安装现场施工作业。

4. 电缆布放

桥架穿线作业如图 7-45 所示。布放电缆时要根据安装图纸和要求，选择合适的电缆规格和型号。将电缆放置在桥架内，确保电缆走向合理、不受挤压或弯曲。使用连接器将电缆连接牢固，确保连接处接触良好、绝缘可靠。对电缆进行标识和记录，以便后续维护和管理。

图 7-43 桥架横梁暗装

图 7-44 桥架安装现场

图 7-45 桥架穿线作业

5. 标识与记录

在桥架和电缆上标识名称、规格、起点和终点等信息。对安装过程进行记录，包括安装时间、人员、位置等信息。对桥架和电缆的验收结果进行记录，包括验收时间、人员、标准等信息。将标识和记录的信息整理成档案，以便后续查询和管理。

【小贴士】在施工现场要设置安全警示标志和隔离带，防止无关人员进入。应对安装人员进行安全培训和教育，增强其安全意识。在安装过程中使用安全工具和设备，如手套、脚手架等，同时对施工现场进行安全检查和管理，及时发现和处理安全隐患。

（四）弱电线路敷设方法

1. 确定敷设方式

弱电线路敷设方式应根据工程实际情况和设计要求来确定，一般包括暗敷和明敷两种方式，如图 7-46 和图 7-47 所示。暗敷是指在建筑墙体或地面等部位埋设管道，将弱电线缆穿管敷设，这种方式对建筑原有格局影响较小，但施工难度较大，后期维护管理不便。明敷是指在建筑墙体或地面等部位明装线槽、线管或桥架，将弱电线缆安装在槽内或桥架上，这种方式便于后期维护管理，但会对建筑原有格局产生一定影响。

图 7-46　线路暗敷 　　　　　图 7-47　线路明敷

2. 选择路径

在确定敷设方式后，应根据设计要求和现场实际情况选择合适的路径。在选择路径时，应考虑到以下几点：

（1）路径应尽量短，减少弯曲和交叉，以便于施工和维护管理。

（2）路径应尽量避开高温、潮湿、污染等环境恶劣的区域。

（3）路径应尽量避开建筑物的结构部位，如钢筋混凝土柱、梁等。

（4）路径应尽量选择在建筑物的围护结构内，以减少对建筑外墙的影响。

3. 预埋管线

在确定路径后，应根据设计要求和施工规范进行预埋管线的施工。预埋管线应选用符合要求的管材和规格，并按照设计要求进行加工和安装。预埋管线的施工应注意以下几点：

（1）预埋管线的位置应准确，避免出现偏移或交叉；

（2）预埋管线的管口应处理干净，避免杂物进入管内；

（3）预埋管线的连接处应处理牢固，确保管道密封性。

4. 安装固定件

在预埋管线施工完成后，应根据设计要求和施工规范安装固定件。固定件的作用是将弱电线缆固定在管道或线槽内，以防止线缆松动或脱落。

5. 线路标识

在安装固定件完成后，应对弱电线路进行标识。标识的作用是便于后期维护管理和故障排查。

第八章 质量验收

第一节 质量检查

（一）给水排水管道严密性、牢固度检查

1. 管道密封性检测

常见的管道密封性检测方法有水压试验、气压试验、真空测试、喷漆法测试、热漏测验等方法，输送流体不同，检测方法亦不同。

1）水压试验

水压试验是一种常见的管道密封性检测方法，适用于水、污水、空调、消防、化学、热力、燃气等管道系统的测试。

具体步骤为：用水泵将水注入管道系统，达到试验压力后进行试验，观察30分钟以上，检测管道系统是否存在漏水现象。

2）气压试验

气压试验适用于燃气、工业气体等管道系统的测试。

具体步骤为：将压缩空气或氮气直接输入管道系统，并通过调整压力计控制气压大小和变化情况，观察30分钟以上，检测管道系统是否存在漏气现象。工程人员使用专用仪器检漏，如图8-1所示。

图8-1 燃气工程检漏作业

3）真空测试

真空测试适用于输送腐蚀性介质的管道系统。

具体步骤为：将被测试的管道放入真空室内，并将室内压强降低到0.1MPa以下，观察30分钟以上，检测管道系统是否存在渗漏现象。

4）喷漆法测试

喷漆法测试适用于检测管道系统的表面裂纹、毛孔、气泡等缺陷。

具体步骤为：在被测试的管道表面涂上一层涂料，并在涂层干燥前将涂料的表面喷上一层荧光粉，使用紫外线检测管道表面是否存在缺陷。

5）热漏测验

热漏测验适用于燃气、石油等高压管道系统的测试。

具体步骤为：通过将一种特制的油脂涂在管道表面，在管道内加压，再通过控制火焰或其他加热源的大小和位置，利用油脂的融化情况判断管道系统是否存在漏油现象。

6）注意事项和适用范围

（1）管道系统的温度、压力、介质等参数需要在试验前进行计算和确认，并按照试验标准进行测试。

（2）管道系统的各个连接部位需要加强密封和加固，以免发生漏水或漏气现象。

（3）管道检测需要配备专业的设备和技术人员，确保测试结果的准确性和可靠性。

（4）管道密封性测试合格后，需要及时采取各种措施进行维护和管理，以保障管道系统的正常运行。

2. 管道支撑结构牢固度检测

1）检测目的

（1）检测管道支架的完好性和稳定性，确保支架符合设计要求。

（2）若发现支架存在的安全隐患和问题，对其进行及时修复和加固。

2）检测方法

（1）目视检查：检测人员对支架进行外观检查，查看是否存在裂缝、锈蚀、变形等异常情况。

（2）探伤检测：利用超声波探伤仪对支架进行检测，发现支架内部的隐性缺陷。

（3）负载测试：通过施加额外的负载，测试支架的承载能力。

3. 管道与建筑物连接部位密封性检测

检测要求：

（1）检测穿越建筑物的管道是否设置防水套管（图8-2）；

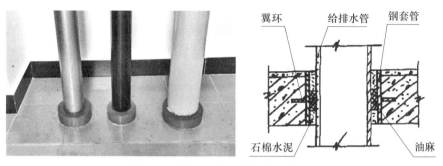

图8-2　管道穿越建筑物规范做法

（2）水平管道上方预留沉降量宜小于0.1m，并应填充不透水的弹性材料，套管与管道的间隙应采用不燃材料填塞；

（3）竖向管道设置的防水台，不应高出楼面或地面50mm；

（4）消防给水管可能发生冰冻，应采取防冻技术措施；

（5）管道通过及敷设在有腐蚀性气体的房间内时，管外壁应刷防腐漆或缠绕防腐材料。

4. 管道穿越基础、墙体的牢固度检测（图8-3～图8-5）

图8-3　波纹管和补偿器安装

图8-4　垫衬柔性材料

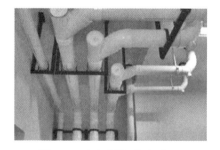

图8-5　支架间距均匀合理

检测要求：

（1）水管穿过伸缩缝及沉降缝时，应采取波纹管和补偿器等技术措施；

（2）穿过孔洞时，管道的接口不应位于套管内；

（3）所有支架与管道间垫衬柔性材料，并牢固固定；

（4）支架间距按规范设置、均匀合理。

5. 管道与设备接口的牢固度检测

管道设备按功能分为补偿系列、减震系列、伸缩系列、保护系列等，设备口一般是与之预留、连接的接口，如阀门、开关、补偿器等接口。

（1）方向性：一般检测接口加工规范、方向正确。

（2）支架牢固性：在规定的尺寸内装有支架，$DN15$ 的管道一般在 0.15m 左右装有支架，不同管径支架安装位置有区别。

6. 管道穿越河流、道路等特殊地段的牢固度检测

管道穿越河流、道路等特殊地段时，常采用架空、地埋等形式，如图 8-6 和图 8-7 所示。

图 8-6 架空穿越　　　　　　　图 8-7 地埋穿越

管道穿越河流、道路等特殊地段的牢固性检测一般为过程性检测，即在施工过程中加强检测，检测要求：

（1）架空穿越时基础预埋钢筋、深度、具体尺寸、混凝土养护等是否按设计图及规范施工，必要时加密支架设置。

（2）预埋管道深度尺寸、基础垫层等是否按规范施工，上层回填是否按规定材料回填、夯实等。

7. 管道与阀门、管件的连接牢固度检查

管道与阀门、管件的连接根据安装方式不同，应进行相应的检测：

（1）丝接：管道螺纹加工长度、旋入长度、外漏丝扣是否达到规定要求，填料缠绕方向顺时针、厚薄均匀等。

（2）焊接：焊接焊缝均匀，焊接时对口间隙、坡口角度等均符合规范等。

8. 管道防渗漏、防腐蚀措施的检测

1）管道材料：检查管道材料选择是否合适，常见的给排水管道材料包括 PVC 管、PPR 管、铸铁管等。在选择材料时，要根据流体综合考虑材料的密封性、耐腐蚀性、承载能力等因素，选择合适的管道材料。

2）管道施工：检查管道施工过程中管道连接是否紧密，施工过程中一般采用专用管道胶水、密封胶带等材料来加强连接处的密封性。还应注意管道的坡度设置是否合理，避免积水引发渗漏问题。

3）防腐措施：检查需要防腐蚀的管道是否采取防腐措施，常用防腐措施有：

（1）表面涂层。给排水系统中的金属管道容易受到腐蚀的影响，因此可以在金属表面涂覆一层防腐涂料来防腐。常见的防腐涂料有环氧煤沥青涂料、聚氨酯涂料等。

（2）防腐包覆材料。采用防腐包覆材料也可以保护给排水系统的管道。常见的防腐包覆材料有聚乙烯、玻璃纤维等。

（3）电位保护。电位保护是一种常用的防腐措施，通过在金属管道上安装阳极，使其成为管道的阴极，从而实现对金属的保护。

（二）电线管、盒连接牢固程度检查

1. 管口处理及保护措施检查

检查电线管的管口处理情况及保护措施。要求管口处理平整、光滑，无毛刺和变形。同时，要确保电线管受到保护，避免管内电线受到损伤或老化。

2. 盒体及面板固定情况检查

检查电线盒的盒体及面板固定情况。要求盒体及面板固定稳定、无晃动，能够有效地固定电线和保护电线不受损伤。特别注意盒体及面板的质量和规格，确保符合设计要求。

3. 暗盒安装质量检查

检查暗盒的安装质量。检查开关、插座的暗盒安装位置是否正确，安装要平整稳固。盒子安装完整不变形，盖板紧贴墙面。并列安装时要求高度相等，允许的最大高度和垂直度误差不超过 0.5mm。

4. 管路及线槽的连接情况检查

检查电线管路及线槽的连接情况。要求连接处紧固、密封性好，能够有效地保护电线不受损伤和防止电气事故的发生。同时，要特别注意线槽内的清洁和防护措施，确保电线不受损伤和老化。

（三）桥架连接牢固程度检查

1. 检查连接件完好程度

桥架连接件应该完好无损，螺栓、螺母、垫圈等部件无缺失或损坏。检查连接件是否有锈蚀、污垢等影响连接质量的因素。

2. 检查连接处螺栓紧固

连接处螺栓应该紧固，无松动现象。使用力矩扳手等工具对螺栓进行紧固，确保连接牢固。

3. 检查焊接质量

焊接质量应该符合要求，焊缝应该平整、光滑，无气孔、焊瘤等缺陷。对于焊缝有缺陷的部位，应该进行修复或重新焊接。

4. 检查防腐涂层

桥架连接部位应该涂有防腐涂层，涂层应该均匀、完整，无漏涂、脱落等现象。检查涂层是否有裂纹、气泡等缺陷，及时进行修复和补充。

5. 检查外观质量

桥架连接部位应该平整、光滑，无变形、扭曲等现象。对于有变形、扭曲等缺陷的部位，应该进行校正或修复。

6. 检查跨接处

对于有跨接的桥架，跨接处应该牢固连接，导线压接应该符合规范要求。检查跨接处是否有松动、断股等现象，并及时进行处理。

7. 检查固定支架牢固度

固定支架应该牢固地固定在桥架上，无松动现象。对于固定不牢固的支架，应该进行调整或加固。

8. 检查支架间距

支架间距应该符合设计要求，间距过大会导致桥架摇晃，间距过小会导致桥架弯曲。检查支架间距是否符合要求，不符合要求的进行调整。

（四）电缆接头质量检查

1. 接头材料质量

应采用符合规格要求的材料，如铜、铝等导体材料以及塑料、橡胶等绝缘材料。检查接头材料的证书和质保文件，确保其符合相关标准和规定。

2. 接头结构完整性

检查接头的结构完整性，包括接头形状、尺寸、精细程度等。接头的结构应合理，易于安装，同时保证电缆与接头之间的紧密连接。对接头结构进行视觉检查和尺寸测量，确保其符合设计要求。

3. 绝缘层厚度

检查绝缘层的厚度是否符合标准要求，可以采用厚度计进行测量。如果绝缘层厚度不足，可能会导致电缆接头的性能下降。

（五）弱电线路连接质量检查

1. 线路完整性检查

检查弱电线路的完整性，包括线路是否破损，接头是否完好，确保线路无损坏、无松动、无断路等情况。

2. 线路固定检查

检查弱电线路的固定情况，包括支架是否稳固，螺栓是否松动，确保线路固定牢固，不发生移位或脱落现象。

3. 线路标识检查

检查弱电线路的标识情况，包括标识是否清晰、规范，确保标识能够清晰地标注线路的用途、走向等信息。

4. 线路绝缘检查

检查弱电线路的绝缘情况，包括绝缘层是否完好、无破损，确保线路具有良好的绝缘性能，不会发生短路或漏电等情况。

5. 接口连接检查

检查弱电线路的接口连接情况，包括接口是否完好、接触是否良好、是否松动，确保接口连接紧密，能够正常传输信号。

6. 防雷设施检查

检查弱电线路的防雷设施情况，包括避雷器是否完好、接地线是否牢固、接地电阻测试达标，确保防雷设施能够有效地保护线路不受雷电侵害。

7. 接地设施检查

检查弱电线路的接地设施情况，包括接地线是否完好、连接是否牢固，确保接地设施能够有效地将线路中的静电、漏电等电流引入大地。

8. 线路保护装置检查

检查弱电线路的保护装置情况，包括保护器是否完好、功能是否正常，确保保护装置能够有效地保护线路免受异常电流、电压等危害。

第二节　质量问题处理

（一）给水排水管道严密性、牢固度不合格问题整改方法

1. 问题描述

给水排水管道的严密性和牢固度不合格可能会导致漏水、水资源浪费，甚至可能带来安全隐患。这可能是由于管道部件老化、密封材料失效、连接处螺栓或丝扣松动等原因引起的。

2. 整改方法

（1）更换老化的管道部件：对所有老化的管道部件进行更换，以确保管道的完好性。对于一些严重老化的部件，建议使用高耐久性的材料进行更换。

（2）重新密封管道连接处：对所有连接处进行重新密封，使用新的密封材料，以确保连接处的紧密性。对于一些特殊的位置，例如弯头或三通，需要特别注意。

（3）调整管道连接处的螺栓或丝扣：确保所有连接处的螺栓或丝扣都处于正确的位置，并使用合适的扳手进行紧固，以确保连接紧密。

（4）维修或更换存在问题的管道：对所有存在问题的管道进行维修或更换，以确保其正常工作。对于一些严重老化的管道，建议使用高耐久性的材料进行维修或更换。

（5）预防性维护：对可能存在问题的管道进行预防性维护，例如定期检查和清洁，以防止问题发生。

（6）定期检查和检测管道：定期检查和检测管道，及时发现和解决问题。对于一些关键位置，例如水泵、阀门、接头和盘根等易泄露部位，需要特别注意。

3. 实施步骤

（1）对所有的管道部件进行检查和评估，确定需要更换或维修的部件。

（2）根据检查和评估的结果，制定详细的整改计划。

（3）按照整改计划进行整改，并对整改过程进行全面的记录和监控。

（4）对整改后的管道进行全面的检查和测试，确保其满足要求。

（5）对可能存在的问题进行预防性维护，并定期进行检查和检测。

（6）加强施工现场的监管和管理，确保施工质量和安全。

4. 注意事项

（1）在进行整改时，需要确保人员的安全和健康。

（2）对于一些复杂的整改任务，需要有专业的技术人员进行指导和监督。

（3）在进行整改时，需要尽可能减少对周围环境和设施的影响。

（4）对于一些重要的管道和部件，需要进行备份和保护，以防止意外情况发生。

（5）在整改完成后，需要对整改结果进行全面评估和记录，以确保整改效果达到预期要求。

（二）电线管、盒连接不牢固整改方法

1. 问题描述

电线管和盒连接不牢固可能会导致电线松动或脱落，从而引发电气火灾或触电事故。产生这种问题的原因通常包括施工不规范、材料质量差、使用环境恶劣等。

2. 整改方法

1）固定管线

使用固定件将电线管和盒子牢固地固定在墙上或其他支撑物上，以确保它们不会移动或脱落。

2）增强连接

对于电线管和盒子之间的连接，应使用适用于该材料的专用连接器或工具，以确保它们能够牢固地连接在一起。例如，使用专用管夹或固定架来增强电线管和盒子之间的连接。

3）使用胶水

对于某些电线管和盒子之间的连接，可以使用适用于该材料的胶水来增强它们的粘合力。但是，在选择胶水时，应注意其质量和适用性，并按照使用说明规范使用。

4）避免过度弯曲

在安装电线管时，应避免过度弯曲或扭曲电线管。否则，这可能会导致电线在连接处受到压力或摩擦，从而产生安全隐患。

5）定期检查与维修

应定期检查电线管和盒子之间的连接是否牢固，并修复。例如，使用专用工具对连接处进行紧固或更换。

6）增加防护措施

在某些情况下，可以使用防护罩或保护套来保护电线管和盒子之间的连接，以避免外部因素对其造成损害。

7）规范施工

在进行电线安装时，应遵循相关规范和标准，以确保施工质量和安全。例如，使用正确的工具和技术进行电线切割、连接和固定，以确保电线管和盒子之间的连接牢固可靠。

8）培训工作人员

对负责安装和维护电线的工作人员进行培训，以确保他们了解相关法规、标准和技术要求，并能够正确地安装和维护电线管和盒子之间的连接。

（三）桥架连接牢固程度整改方法

1. 问题描述

在电力和通信系统中，桥架是用于支撑和保护电缆、光缆等设施的重要设备。然而，如果桥架连接的固定不足，可能会导致电缆、光缆等设施的损坏，严重时甚至可能引发安全事故。

2. 整改方法

1）固定方式改进

（1）对于采用螺栓固定的桥架连接处，可以增加螺栓的数量或更换加长加粗的螺栓来增强固定效果。

（2）对于采用焊接固定的桥架连接处，可以增加焊接面积或更换更高质量的焊接材料来增强固定效果。

（3）在桥架连接处使用支撑架或固定架，增加桥架之间的稳定性。

2）材质更换

（1）对于轻型桥架，可以更换为更坚固的材质，如铝合金或不锈钢。

（2）对于重型桥架，可以更换为更高强度的钢材或其他合金材料。

3）跨距调整

（1）在桥架安装过程中，可以根据实际情况调整桥架之间的跨距，使其更符合实际需求。

（2）如果桥架之间的跨距过大，可以增加支撑架或固定架来增强桥架的稳定性。

4）增加附件

（1）在桥架连接处增加附件，如支撑架、固定架、螺栓等，可以增强桥架连接的牢固程度。

（2）对于较长的桥架，可以加密支架或吊架来增强桥架的稳定性。

5）加强巡检

（1）定期对桥架连接处进行检查和维护，及时发现和处理问题。

（2）对于易损部位，可以增加巡检次数，确保其正常运转。

6）培训人员

（1）对桥架安装和维护人员进行专业培训，提高他们的技能水平和工作责任心。

（2）让工作人员了解桥架连接牢固程度的重要性，并掌握相关整改方法。

7）增加支撑

（1）在桥架下方增加支撑杆或支撑轮，防止桥架在自身重量和外部压力的作用下发生变形。

（2）对于较长的桥架，可以增加中间支撑来增强桥架的稳定性。

8）焊接加固

（1）对于易发生变形的桥架部位，可以采用点焊、缝焊或塞焊等方式进行加固。

（2）在焊接过程中，要确保焊接质量和焊接面积达到要求，避免出现焊接缺陷。

（四）电缆接头质量不合格整改方法

电缆接头质量不合格可能会导致电气事故，甚至威胁生命和财产安全。为了提高电缆接头质量，从采购、检验、储存、安装、维护、培训等方面介绍整改方法。

1. 采购

（1）建立严格的制造商评估机制，确保采购的电缆接头符合国家和行业标准。

（2）与信誉良好的供应商建立长期合作关系，保证采购的电缆接头质量稳定。

2. 检验

（1）严格控制电缆接头的采购检验程序，确保进货检验合格。

（2）对电缆接头进行定期抽检，确保产品质量稳定。

3. 储存

（1）确保电缆接头存储在干燥、通风良好的库房内。

（2）禁止将电缆接头长时间暴露在阳光下或潮湿环境中。

（3）定期检查电缆接头的库存情况，防止产品老化或损坏。

4. 安装

（1）制定严格的电缆接头安装操作规程，确保安装过程规范。

（2）安装前，对电缆接头进行检查，确保产品无损坏、无瑕疵。

（3）按照说明书或操作规程进行安装，不得随意更改安装步骤。

（4）安装完毕后，对电缆接头质量进行验收，确保安装质量合格。

5. 维护

（1）制定电缆接头维护保养制度，定期对电缆接头进行检查和维护。

（2）对使用中的电缆接头进行定期检修，确保其正常运行。

（3）对损坏或老化的电缆接头进行更换或维修，确保电气安全。

6. 培训

（1）对操作人员和维修人员进行电缆接头相关知识的培训，提高其对电缆接头的认识和理解。

（2）培训应包括电缆接头的结构、工作原理、安装方法、维护保养方法等。

（3）培训后进行考核，确保操作人员和维修人员掌握相关知识和技能。

（五）弱电线路连接不通整改方法

1. 线路检查

（1）检查线路是否出现断裂、老化、破损等情况，确保线路完整无损。

（2）检查线路连接处是否牢固，如有问题及时紧固。

（3）检查线路与设备连接处是否接触良好，如有问题及时调整。

2. 清洁整理

（1）对线路进行清洁整理，去除杂物、灰尘等，确保线路表面干净整洁。

（2）对设备进行清洁整理，去除杂物、灰尘等，确保设备干净整洁。

3. 更换部件

（1）如发现线路或设备部件损坏，应及时更换损坏部件。

（2）如发现线路或设备部件老化，应及时更换老化部件。

4. 增加中继器

（1）如发现线路信号传输不良，可考虑增加中继器来保障信号传播。

（2）对新增中继器进行设置和调试，确保其正常工作。

5. 排查干扰

（1）对线路周围环境进行检查，排除可能存在的干扰源。

（2）对线路进行测试，检查是否存在干扰问题，如有应采取相应措施解决。

6. 验证连接

（1）对线路连接进行验证，确保连接正确无误。

（2）对设备设置进行检查，确保设置正确无误。

7. 更新软件

（1）如发现软件版本过低或存在漏洞，应及时更新软件。

（2）对更新后的软件进行测试，确保其正常运行。

8. 培训员工

（1）对员工进行操作培训，确保员工了解弱电线路连接及维护方法。

（2）对员工进行安全培训，确保员工了解安全操作规程。

水电安装工（初级）

水电安装工（高级）

第九章　施工准备

第一节　作业条件准备

（一）施工现场安全隐患的识别

【小贴士】安全隐患是生产经营单位或施工人员违反安全生产法律、法规、标准、规程、安全生产管理规定等，可能导致不安全事件或事故发生，包括：物的不安全状态、人的不安全行为、管理上的缺陷。物的不安全状态包括：防护、保险、信号等装置缺乏或有缺陷；设备、设施、工具有缺陷等；人的不安全行为分为：操作错误、忽视安全；使用不安全设备；物体存放不当，冒险进入危险场所；机器运转时加油、修理、检查、调整、清扫等工作；忽视使用个人防护用品用具；不安全装束等；管理缺陷包括：责任制未落实；管理规章制度不完善；操作规程不规范；培训制度不完善等。

1. 劳动防护用品佩戴安全隐患识别

进入施工现场应全面做好劳动保护，应正确佩戴安全帽、系好安全带、戴防护手套、穿劳保鞋，如图 9-1 所示。

劳动防护用品隐患识别主要包括以下几个方面：

（1）安全帽：检查安全帽是否老化、破损或人为维修改造，是否符合现行国家标准，是否具有防砸、防穿刺等性能。帽带是否可靠，能否紧固好，是否与帽壳连接牢固，是否正确佩戴。

（2）护目镜：检查护目镜或安全眼镜的透明度，是否有划痕或模糊。检查护目镜的质量和完整性，是否有损坏。检查护目镜的紧固带是否可靠，是否能够固定好。

图 9-1　劳动防护安全用品的佩戴

（3）手套：检查手套的质量和完整性，是否有损坏。根据不同工种选择和佩戴合适的手套。

（4）劳保鞋：检查鞋子的质量，是否有损坏或磨损。根据不同工种选择和穿着合适的鞋子，防止滑倒、夹脚等问题。

（5）工作服：检查工作服或其他身体防护用品是否符合相关标准，是否有损坏或磨损。工作服衣袖不要卷起，不要敞开衣服，扣上扣子和拉上拉链，防止皮肤直接暴露危害。

2. 高处作业安全隐患识别

建筑高空作业的安全隐患主要有高处坠落风险和坠物伤人风险。

1）高处坠落风险

在高空作业中，高处坠落是最常见、最危险的隐患之一。人员从高处坠落可能导致严重的伤害甚至死亡，以下是对高处坠落的安全识别：

（1）检查是否做好"三宝四口"以及临边防护措施：在进行高空作业时，在做好个人安全防护的同时，也应做好四口和临边防护，如围栏、安全网等，这些措施应严密可靠，符合规范要求，如图 9-2 所示。

（2）检查工具和设备：在高空作业之前，对使用的工具和设备进行全面检查，确保其完好无损，防止因工具和设备失效而导致的意外坠落，如图 9-3 所示。

（3）检查是否正确使用安全带：作业人员在高处作业时，应始终佩戴安全带并正确使用。如图 9-4 所示。

图 9-2　高空作业的防护措施

图 9-3　高处作业使用设备检查

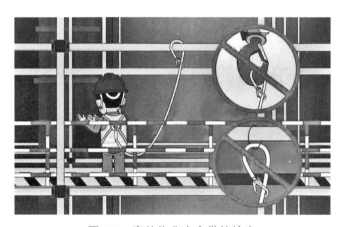

图 9-4　高处作业安全带的检查

2）坠物伤人风险

除了高处坠落风险外，高空作业还存在坠物伤人的风险。坠物可能来自于作业人员手中的工具、材料或其他物品。以下是坠物伤人风险的识别：

（1）清理和整理工作区域：在高空作业之前，必须清理和整理作业区域，将杂物、不必要的工具和设备妥善安置。

（2）严禁高空抛物：对于易坠落的工具和材料，应防止其滑落或掉落。对于拆除的脚手架、模板或其他废料应集中吊运，严禁高空抛物。如图9-5所示。

图9-5　防止坠物伤人

3. 用电安全隐患识别

用电是一项特别要注意安全的工作。乡村建设施工现场用电安全隐患有很多，下面介绍其中一些常见的隐患识别。

1）电气设备未定期检查维修

在施工现场，电动工具、电线、插座等电气设备由于长期使用以及外界因素的影响，设备容易出现磨损、老化等问题，如果不及时进行定期检查维修，会增加电气设备故障的发生概率，从而增加事故发生的风险，如图9-6所示。

图9-6　电气设备应定期检查维修

2）现场电线缆走线混乱

施工现场使用大量的电线缆，如果电线缆的走线不规范、混乱，很容易被人或机械绊倒，造成触电、摔伤等事故。另外，电线缆走线混乱也容易导致线缆间发生短路、火灾等危险，如图9-7所示。

169

图 9-7　电线缆走线混乱

3）带电体外露

在施工现场，有时由于电工安全意识淡薄，接电时电线内芯暴露在外，容易造成火灾或触电等，如图 9-8 所示。

图 9-8　带电体外露的安全隐患

4）一箱多机或一闸多机

同一开关电器直接控制两台或两台以上用电设备，如图 9-9 所示。开关箱一闸多机也会带来潜在的危害，其中包括：电气事故，如果没有正确地隔离电源和设备，操作人员可能会触电，从而导致电气事故的发生；设备故障，一旦其中一个设备出现故障，由于多台设备被控制在一起，可能出现级联故障，导致多个设备损坏。每台机具必须实行"一机一闸一漏一箱"。

4. 施工现场消防安全隐患识别

（1）施工现场易燃可燃材料多，堆放比较混乱。有些工地由于受到场地的制约，房屋、棚屋之间，建筑材料垛与垛之间缺乏必要的防火间距，一旦发生火灾，势必造成极大的损失。

（2）电焊施工无证上岗或不遵守消防安全操作规程。电焊火花很容易引燃施工现场的各种可燃材料，造成火灾。

图 9-9　一箱多机的安全隐患

（3）施工工地临时线路多，拉接不规范，容易漏电。现场施工时，各种电气设备在施工中广泛使用。临时性的电气线路纵横交错，容易跑电或漏电，导致电火花引燃物品，形成火灾。

（4）消防设施存在不足。乡村建设施工场地灭火器也大多未按要求配置，致使发生火灾时，不能及时使用灭火器材。

（5）消防知识缺乏，自防自救能力差。乡村建设工匠未经过消防培训，对消防安全重视程度差，消防安全意识淡薄，对消防知识了解甚少，一旦发生火灾，其自防自救能力差。

（二）电动助力推车的使用

电动推车有不上人电动助力车和可上人电动助力车，如图 9-10 和图 9-11 所示。作业人员使用前应认真学习电动助力推车的使用方法、使用注意事项和维护保养要求等内容。

图 9-10　不上人电动助力车

图 9-11　可上人电动助力车

1. 电动助力推车的操作

电动助力推车的操作使用如下：

（1）推车启动：按下启动开关，确保主控制面板上的指示灯亮起，确认电动推车已开启。

（2）推车前进：如图 9-12 所示，推动手柄向前，电动推车将前进，速度可根据需要调节。

（3）推车后退：推动手柄向后，电动推车将后退，速度可根据需要调节。

（4）转向操作：左右转向操作可通过手柄的转向控制实现。向左推动手柄，推车将向左转向；向右推动手柄，推车将向右转向。

（5）紧急停车：如图 9-13 所示，按下手刹，电动推车将立即停止运行。

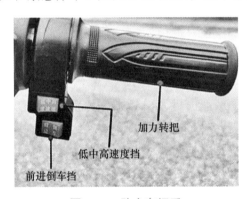

加力转把

低中高速度挡

前进倒车挡

图 9-12　助力车把手　　　　　　　图 9-13　上部手刹把手

2. 电动助力推车运送材料

施工现场使用电动助力推车运送材料是一种高效的方法，可以提高工作效率并减少人力消耗。以下是一般的运送方法：

（1）准备工作：确保电动助力推车处于良好工作状态，电池电量充足，并且推车上没有杂物。同时，将要运送的材料摆放整齐，易于装载。

（2）装载材料：将要运送的材料按照重量和体积合理摆放在电动助力推车的货箱内，确保重心稳定，可以提高车辆的行驶稳定性。

（3）行驶路线规划：在开始推车运送之前，规划好行驶路线，避开施工现场的障碍物和人群，确保安全行驶。

（4）操作技巧：在推车运送过程中，需要注意操作技巧，特别是在转弯和上坡时要注意车辆稳定，避免材料滑落或推车失控。

（5）注意安全：在施工现场操作电动助力推车时，务必注意安全，穿戴合适的劳动防护装备，遵守施工现场的安全规定，确保自身和他人的安全。

【小贴士】使用电动助力推车运输材料时，要保持车辆的稳定。首先要确保车辆的重心稳定，避免超载或不平衡装载导致车辆倾翻；其次要保持行驶时的速度适中，避免急加速或急刹车。在行驶过程中，要避免坑洼或不平的地面，以免发生意外。乡村建设工匠在使用电动助力推车时要时刻牢记安全第一，保护好自己和他人的安全。

（三）施工现场消防器材摆放位置设定

【小贴士】根据《建设工程施工现场消防安全技术规范》GB 50720—2011规定，乡村建设中下列场所应配置灭火器：① 可燃、易燃物存放及使用场所，如油漆涂料及木工堆场；② 动火作业场所，如木工作业棚及钢筋焊接作业场所；③ 施工现场临时住宿用房；④ 其他有火灾危险的场所。

1. 灭火器的设置

（1）灭火器应设置在明显的、便于取用的地方，且应确保工人在火灾发生时快速找到并正确使用，如图 9-14 和图 9-15 所示。对有视线障碍的灭火器设置点，应设置指示其位置的发光标志。

图 9-14　消防设施区域

图 9-15　警戒区域设置

（2）灭火器的设置不得影响安全疏散，同时便于人员对灭火器进行保养、维护及清洁卫生。

（3）灭火器设置点环境不得对灭火器产生不良影响。

（4）灭火器设置点应便于灭火器的稳固安放。

【小贴士】临时搭设的建筑物区域内每100m² 配备 2 只 10L 灭火器。临时木工间、油漆间、木机具间等，每25m² 配备一只 10L 灭火器。

2. 施工现场灭火器的摆放

（1）灭火器需放置于灭火器箱内，或设置在挂钩、托架上，顶部距离地面高度应小于 1.5m，底部离地面高度不宜小于 0.08m，周围需清空，予以指示，并标有相应的标示线，如图 9-16 所示。

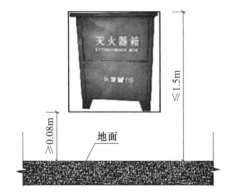 

图 9-16　灭火器的摆放位置

（2）灭火器面向外，摆放稳固。

（3）灭火器外观清楚，无灰尘。

（4）灭火器上方须用标识牌标识。标识顶部离地高度大于 1.8m、小于 2.5m 或根据摆放点实际情况设置，要求标识明显易见，指示正确，如图 9-17 所示。

（5）灭火器箱不得上锁。

（6）灭火器摆放在潮湿或强腐蚀性的地点，或灭火器摆放在室外时，应有相应的保护措施。

（7）灭火器等消防设备需定期检查并记录，如图 9-18 所示。

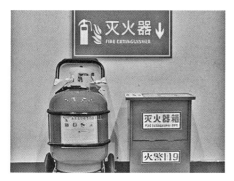

图 9-17　灭火器上方标识牌

图 9-18　灭火器定期检查记录

（四）详图与平面图的对照识别

1. 建筑平面图与详图对照识读

1）建筑详图的索引方法

建筑详图常用的比例为 1∶1、1∶2、1∶5、1∶10、1∶20、1∶50。看详图时应对照平面图进行识别，平面图上往往会标注详图的索引符号。建筑详图必须标出详图符号，应与被索引的图样上的索引符号相对应，在详图符号的右下侧注写比例。详图索引符号见表 9-1，详图符号见表 9-2。

详图索引符号　　　　　　　　表 9-1

名称	符号	说明
详图的索引符号	⑤ — 详图的编号　— 详图在本张图纸上 ⑤ — 局部剖面详图的编号　— 剖面详图在本张图纸上	细实线单圆圈直径应为 10mm、详图在本张图纸上、剖开后从上往下投影
	5/4 — 详图的编号　— 详图所在的图纸编号 5/4 — 局部剖面详图的编号　— 剖面详图所在的图纸编号	详图不在本张图纸上、剖开后从下往上投影

详图符号　　　　　　　　表 9-2

名称	符号	说明
详图的符号	⑤ — 详图的编号	粗实线单圆圈直径应为 14mm、被索引的在本张图纸上
	5/2 — 详图的编号　— 被索引的图纸编号	被索引的不在本张图纸上

2）建筑平面图与详图对照识读

建筑平面图主要表示建筑物的平面形状、水平方向各部分（如入口、走廊楼梯、房间、阳台等）的布置和组合关系、门窗位置、墙和柱的布置、其他建筑构配件的位置和大小等，如图9-19所示。

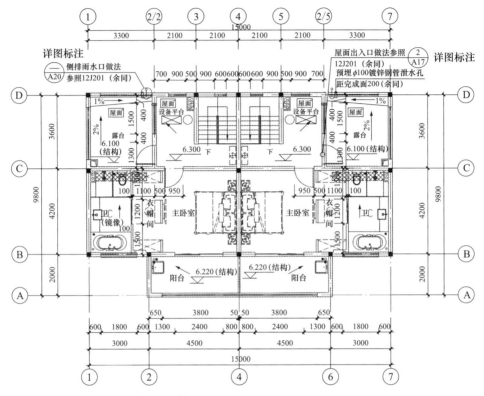

图 9-19　某乡村建筑三层平面图（1：100）

建筑平面图的主要内容：

（1）层次，图名，比例。

（2）纵横定位轴线及其编号。

（3）各房间的组合和分隔，墙、柱的断面形状及尺寸等。

（4）门窗布置及其型号，楼梯的走向和级数。

（5）室内外设备及设施的位置、形状和尺寸。

（6）标注出平面图中应标注的尺寸和标高。

（7）剖切符号，详图索引符号。

（8）施工说明。

2. 结构平面图与详图对照识读

结构平面布置图主要内容如下：

（1）梁、板、柱等结构构件的尺寸、大小、标高以及定位等。

（2）板的配筋。

（3）结构详图索引以及结构详图，如图 9-20 所示。

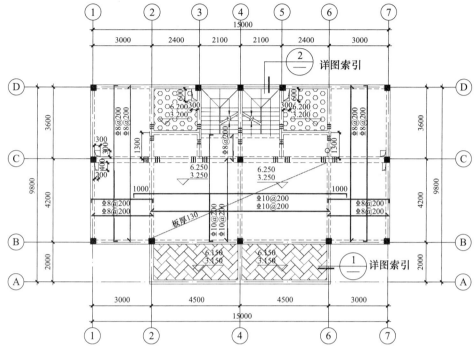

图 9-20　某乡村二～三层结构平面布置图

3. 平面图对照详图案例解读

某农村自建房详图索引案例，如图 9-21 和图 9-22 所示。

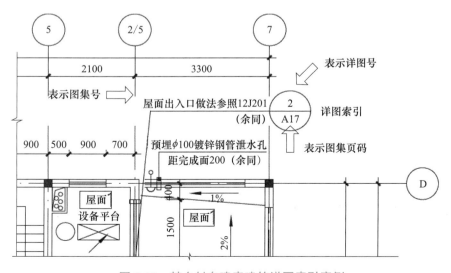

图 9-21　某乡村自建房建筑详图索引案例

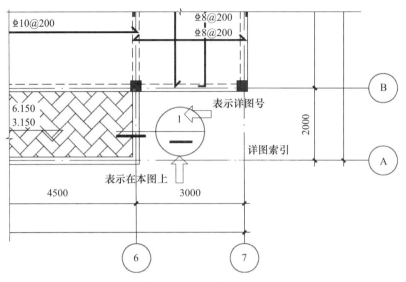

图 9-22　某乡村自建房结构详图索引案例

第二节　材料准备

（一）钢筋外观质量判别

钢筋的外观质量直接影响到其使用效果和建筑的安全性，正确检查和判断钢筋外观质量，及时淘汰有缺陷的钢筋，确保建筑的安全和稳定。

1. 表面质量判别

钢筋表面应该光滑，无锈斑、氧化物和裂纹等缺陷，不应有油污、灰尘等污物。在检查钢筋表面质量时，可以用手触摸或用肉眼观察，以确保表面的平整度和色泽均匀，如图 9-23 所示。

（a）热轧光圆钢筋

（b）热轧带肋钢筋

图 9-23　钢筋表面质量

2. 形状和尺寸质量判别

钢筋截面为正圆形，截面与轴线成直角。检测钢筋的形状和尺寸，可以借助相关的检测工具，如卡尺、千分尺等，对钢筋的直径、长度、弯曲度等进行测量，并与标准进行比较，如图 9-24 所示。

图 9-24　钢筋尺寸的检查

（二）砖和砌块外观质量判别

砖和砌块的外观质量判别包括缺棱掉角检查、裂纹检查、弯曲测定、尺寸测量。

1. 外观质量判别

首先观察砖或砌块表面是否平整，缺棱掉角情况，裂纹开展情况等，如图 9-25 和图 9-26 所示。

图 9-25　水泥砖　　　　　　　　图 9-26　混凝土小型砌块

2. 规格尺寸检查

测量砖和砌块的尺寸偏差，如图 9-27 所示，长度、宽度在两个大面上的中间处测量，厚度在两个条面和顶面的中间处测量，以毫米为计量单位，不足 1mm 者按 1mm 计算。

图 9-27　测量尺寸

（三）木模板外观质量判别

【小贴士】模板进场验收标准：① 边角整齐，表面平整，无破裂，起皮；② 因装卸造成个别边角出现勒痕，并不影响使用质量，均视为合格；③ 抽取整批数量的 3‰ 中间锯开，无空心，起层，达到 8～9 层均视为合格；④ 厚度以抽查的方式随机抽查，每片的厚度允许 ±3mm，或整包量尺，允许误差 ±3cm；⑤ 角要方正，不得出现斜角；⑥ 长宽要达到标准，无长短现象，出现长短，视为不合格。

1. 外观质量判别

外观质量检查主要通过观察检验，观察模板表面是否光滑，四周是否有空隙，以及面皮是否完整。任意部位不得有腐朽、霉斑、鼓泡，不得有板边缺损、起毛。每平方米单板脱胶面积不大于 $0.001m^2$，每平方米污染面积不大于 $0.005m^2$。

看纹理。纹理是判断建筑模板好坏的标准，有规则的纹理层次分明、美观大方，说明该建筑模板的板芯用的是一级原材料，尺寸标准、厚薄均匀，做出的产品才能不易变形、断裂，如图 9-28 所示。不要选择那些纹理杂乱无章的建筑模板。

看裂痕。对于轻度裂痕，如产生在纹理之间的这种裂痕影响不大，可以放心使用。而对于那些裂痕都穿透纹理的建筑模板，不建议使用，因为这种裂痕会延伸，会对工程质量造成影响，在选购建筑模板时一定要注意。

图 9-28　木胶合板表面纹理

2. 规格尺寸检查

建筑工地常用的木胶合板规格尺寸一般是 915mm×1830mm 和 1220mm×2440mm，厚度为 14～20mm，模板进场应进行厚度、长宽尺寸、对角线和翘曲度的检查。

厚度检测方法：用钢卷尺或游标卡尺在距板边 24mm 和 50mm 之间测量厚度，测点位于每个角及每个边的中间，长短边分别测 3 点、1 点，取 8 点平均值，如图 9-29 所示。各测点与平均值差为偏差，厚度允许偏差见表 9-3。

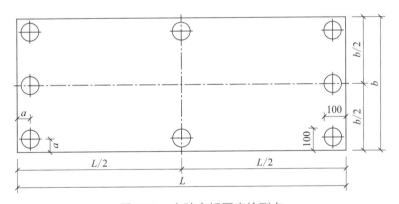

图 9-29　木胶合板厚度检测点

木胶合板厚度允许偏差　　　　　　　　　　　　　表 9-3

公称厚度（mm）	平均厚度与公称厚度间的允许偏差（mm）	每张板内厚度最大允许偏差（mm）
≥12～<15	±0.5	0.8
≥15～<18	±0.6	1.0
≥18～<21	±0.7	1.2
≥21～<24	±0.8	1.4

长、宽检测方法：用钢卷尺在距板边 100mm 处分别测量每张板长、宽各 2 点，取平均值，允许误差 ±3mm。

对角线差检测方法：用钢卷尺测量两对角线长度之差，允许误差见表9-4。

木胶合板两对角线长度之差　　　　　　　　　　　　　表 9-4

胶合板公称长度（mm）	两对角线长度之差（mm）
≤ 1220	3
> 1220～≤ 1830	4
> 1830～≤ 2135	5
> 2135	6

翘曲度检测方法：用钢直尺量对角线长度，并用楔形塞尺（或钢卷尺）量钢直尺与板面间最大弦高，后者与前者的比值为翘曲度，翘曲度限值见表9-5。

木胶合板翘曲度限值　　　　　　　　　　　　　表 9-5

厚度	等级	
	A 等板	B 等板
12mm 以上	不得超过 0.5%	不得超过 1%

（四）木方外观质量判别

1. 木方表面质量判别

首先看木方表面是否有明显裂痕、虫眼、死结、严重变色等情况，其次看建筑木方的纹理，刚加工好的建筑木方应该有自然的色调，清晰的木纹，而且纹埋应当是美观大方，如图9-30所示，纹理杂乱无章的建筑木方质量一般较差。

图 9-30　建筑木方

2. 建筑木方尺寸的检查

常用木方的尺寸：厚度和宽度40mm×70mm、40mm×80mm、50mm×80mm、50mm×90mm、50mm×100mm、100mm×100mm，长度通常是4m、3m。

厚度和宽度检测：量每根木方两边和中间三个位置的宽，厚尺寸，取平均值为该木方的实际尺寸，如图 9-31 所示。若实际尺寸与订购尺寸相差 8mm 以上，是不合格产品。

木方长度检测：实测长度与订购长度相差 10mm 以上为不合格品。

图 9-31　建筑木方尺寸检测

【挑选木方小贴士】

（1）用手掂：挑选建筑木方的时候需要用手拿一拿，含水量大就重一些。

（2）用眼看：看建筑木方的节疤，节疤多、黑色，证明这根建筑木方就不好。

（3）用力抖：用手拿着木方的一端，用力上下抖动，质量不好的木方一般都容易断。

（4）用手敲：用手敲击建筑木方，如果是质量好、新鲜的木方就会发出清脆的声音，如果是腐朽、旧的木方就会发出比较低沉的暗淡声音。

（5）用钉子钉：干燥的建筑木方钉子很容易钉入，湿度大的木方钉子很难钉入，如图 9-32 所示。

图 9-32　建筑木方握钉力检测

（五）脚手架质量判别

1. 木、竹脚手架进场质量判别

1）竹竿材质质量判别

竹脚手架搭设的主要受力杆件选用生长期三年以上的毛竹或楠竹，竹竿应挺直、质地坚韧，严禁使用弯曲不直、青嫩、枯脆、腐烂、虫蛀及裂纹连通二节以上的竹竿。如用小铁锤锤击竹材，年长者声清脆而高，年幼者声音弱，年长者比年幼者较难锯。材质质量的直观鉴别见表9-6。

竹龄鉴别方法 表9-6

特点＼竹龄	三年以下	三年以上七年以下	七年以上
皮色	下山时呈青色如青菜叶，隔一年呈青白色	下山时呈冬瓜皮色，隔一年呈老黄色或黄色	呈枯黄色，并有黄色斑纹
竹节	单箍突出，无白粉箍	竹节不突出，近节部分凸起呈双箍	竹节间皮上生出白粉
劈开	劈开处发毛，劈成篾条后弯曲	劈开处较老，篾条基本挺直	—

竹竿有效部分的小头直径应符合以下规定：横向水平杆不得小于90mm；立杆、顶撑、斜杆不得小于75mm；搁栅、栏杆不得小于60mm；横向水平杆有效部分的小头直径不得小于90mm，60～90mm之间的可双杆合并或单根加密使用。

2）木杆质量鉴别

木脚手架所用木杆应采用剥皮的杉木或其他各种坚韧的硬木，禁止使用杨木、柳木、桦木、椴木、油松和其他腐朽、折裂、枯节、破裂严重和杆头破损等易折木杆。

木杆的小头尺寸要求：立杆和斜杆（包括斜撑、抛撑、剪刀撑）的小头直径不应小于70mm；大横杆、小横杆的小头直径不应小于80mm；直径小于80mm大于70mm的横杆可两根并成一根绑定后使用。

3）绑扎材料质量判别

绑扎材料用竹篾时，竹篾规格应符合表9-7的要求。竹篾使用前应置于清水中浸泡不少于12h，竹篾质地应新鲜、韧性强。严禁使用发霉、虫蛀、断腰、大节疤等竹篾。

竹篾等的规格 表9-7

名称	长度（mm）	宽度（mm）	厚度（mm）
毛竹篾	3.5～4.0	20	0.8～1.0
塑料篾	3.5～4.0	10～15	0.8～1.0

绑扎材料采用塑料篾或镀锌钢丝的，必须有出厂合格证和有关力学性能数据。塑料篾进场必须进行抽样检测，在每个批次的绑扎材料中任选 3 件，组成检测样一份，并以同样的方法抽取留样一份备查，检测结果应满足相关规范的规定。钢丝应采用 8 号或 10 号镀锌钢丝，严禁有锈蚀或机械损伤。

4）竹、木脚手板质量判别

（1）竹笆板应符合以下规定：

纵片不得少于 5 道且第一道用双片，横片则一反一正，四边端纵横片交点用钢丝穿过钻孔每道扎牢。竹片厚度不得小于 10mm，竹片宽度可为 30mm。每块竹笆板可沿纵向用钢丝扎两道宽 40mm 双面夹筋。竹笆板长可为 1500～2500mm，宽可为 800～1200mm，长竹笆用作斜道板时，应将横筋作纵筋，如图 9-33 所示。

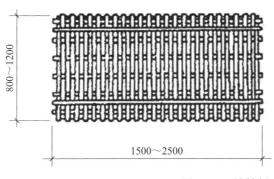

图 9-33　竹笆板

（2）竹串片板应符合以下规定：

竹串片板应采用螺钉穿过并列的竹片拧紧而成，螺钉直径可为 8～10mm，间距可为 500～600mm，螺钉孔直径不得大于 10mm。板的厚度不得小于 50mm，宽度可为 250～300mm，长度可为 2000～3000mm，如图 9-34 所示。

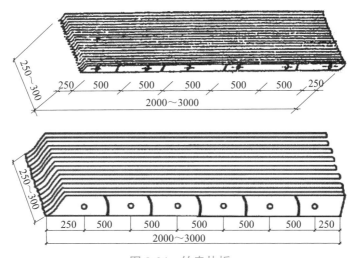

图 9-34　竹串片板

（3）木脚手板质量要求

木脚手板厚度为50mm，一般允许＋1、−2mm的误差，宽度为200～300mm，长度为2m、3m和4m。一般应采用杉木板和落叶松板，每块木脚手板质量不宜大于30kg。不容许有腐朽、髓心、虫眼等，在连接部位的受剪面及附近不容许有裂缝，木节不得大于所在面宽度的1/3，1m长度内斜纹高度不得大于80mm。

2. 钢管扣件式脚手架进场质量判别

1）新钢管的质量检查

（1）应有产品质量合格证，应有质量检验报告。

（2）钢管表面应平直光滑，不应有裂缝、结疤、分层、硬弯、毛刺、压痕和深的划道。

（3）宜采用φ48.3×3.6的钢管，钢管外径、壁厚、端面等偏差应分别符合表9-8的规定。

（4）钢管应涂有防锈漆。

新钢管尺寸检查　　　　　　　表9-8

序号	项目	允许偏差 Δ（mm）	抽检数量和示意图	检查工具
1	焊接钢管尺寸（mm）：外径48.3、壁厚3.6	±0.5 ±0.36	3%	游标卡尺
2	钢管两端面切斜偏差	1.70		塞尺、拐角尺

2）旧钢管的质量检查

（1）表面锈蚀深度应符合表9-9的规定，锈蚀检查应每年进行一次。检查时，应在锈蚀严重的钢管中抽取三根，在每根锈蚀严重的部位横向截断取样检查，当锈蚀深度超过规定值时不得使用。

（2）钢管弯曲变形应符合表9-9的规定。

旧钢管的质量检查　　　　　　　表9-9

序号	项目	允许偏差 Δ（mm）	示意图	检查工具
1	钢管外表面锈蚀深度	≤ 0.18		游标卡尺

续表

序号	项目	允许偏差 Δ（mm）	示意图	检查工具
2	钢管弯曲 ①各种杆件钢管的端部弯曲 $l \leq 1.5\text{m}$	≤ 5		钢板尺
	②立杆钢管弯曲 $3\text{m} < l \leq 4\text{m}$ $4\text{m} < l \leq 6.5\text{m}$	≤ 12 ≤ 20		
	③水平杆、斜杆的钢管弯曲 $l \leq 6.5\text{m}$	≤ 30	—	

3）扣件质量检查

扣件进入施工现场，应逐个挑选，有裂缝、变形、螺栓出现滑丝的严禁使用。

（1）扣件应有生产许可证、法定检测单位的测试报告和产品质量合格证，见表9-10。

（2）新、旧扣件均应进行防锈处理。

扣件的质量检查 表9-10

项目	要求	抽检数量	检查方法
扣件	应有生产许可证、质量检测报告、产品质量合格证、复试报告	《钢管脚手架扣件》 GB/T 15831—2023 的规定	检查资料
	不允许有裂缝、变形、螺栓滑丝扣件与钢管接触部位不应有氧化皮；活动部位应能灵活转动，旋转扣件两旋转面间隙应小于1mm；扣件表面应进行防锈处理	全数	目测

4）可调托撑的检查

（1）应有产品质量合格证，质量检验报告。

（2）可调托撑支托板厚不应小于5mm，变形不应大于1mm，见表9-11。

（3）严禁使用有裂缝的支托板、螺母。

可调托撑的质量检查 表9-11

项目	允许偏差 Δ（mm）	示意图	检查工具
可调托撑的支托板变形	1.0		钢板尺、塞尺

（六）管线外观质量判别

1. 电线外观质量判别

一看商品标签。正规厂家生产的电线，每捆的透明包装纸下都会有合格证，合格证上应包括：厂名厂址、认证编号、规格型号、电线长度、额定电压等，如图 9-35 所示。而劣质产品的标签往往印刷不清或印制内容不全。另外，按照国家相关规定，所有电线生产企业必须获得相关部门认证的 CCC 认证标志，并在电线电缆产品上标上 CCC 认证标志。为了确保家庭用电的安全，务必要选择带有 CCC 认证标志的电线电缆。

二看塑料外皮。正规电线的塑料外皮软且平滑，颜色均匀。国家规定电线外皮上一定要印有相关标识，如产品型号、单位名称等，标识间隔不超过 50cm，印字清晰、间隔匀称，如图 9-36 所示。

图 9-35　电线商品标签　　　　　　图 9-36　电线塑料外皮

三看铜丝。合格铜芯线的铜芯应该是紫红色、有光泽、手感软，如图 9-37 所示。而伪劣的铜芯线铜芯为黑色、偏黄或偏白，稍用力即会折断。检查时，把电线一头剥开 2cm，然后用一张白纸在铜芯上稍微搓一下，如果白纸有黑色物质，说明铜芯里杂质比较多。另外，伪劣电线电缆绝缘层看上去似乎很厚实，实际上大多用再生塑料制成，时间一长，绝缘层会老化而漏电。

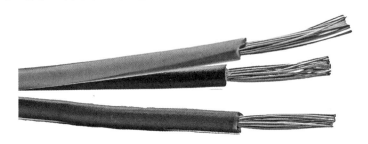

图 9-37　电线铜丝

【小贴士】可取一根电线电缆头用手反复弯曲，凡是手感柔软、抗疲劳强度好、塑料或橡胶手感弹性大且电线电缆绝缘体上无裂痕的就是优等品。

【小贴士】质量好的电线电缆，一般都在规定的重量范围内。如常用的截面面积为 $1.5mm^2$ 的塑料绝缘单股铜芯线，每 100m 重量为 1.8～1.9kg；$2.5mm^2$ 的塑料绝缘单股铜芯线，每 100m 重量为 3～3.1kg；$4.0mm^2$ 的塑料绝缘单股铜芯线，每 100m 重量为 4.4～4.6kg 等。质量差的电线电缆重量不足，要么长度不够，要么电线电缆铜芯杂质过多。

2. 管材外观质量判别

一看管材外观。看管材的表面是否有气泡、杂质、凹凸不平等缺陷。质量好的管材内外表面都光滑平整，颜色均匀，如图 9-38 所示。优质的管材不会出现爆裂的情况，使用起来才会更加放心。

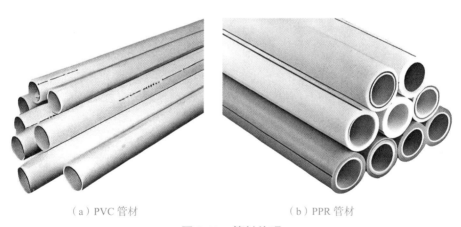

（a）PVC 管材　　　　　　　　　　　（b）PPR 管材

图 9-38　管材外观

二是量管材壁厚。可以用卷尺、卡尺等多种测量工具测量管材壁厚，如图 9-39 所示。优质的管材壁厚均匀，且圆滑统一，而劣质管材则往往管壁较薄，可能会出现爆管的情况。

图 9-39　测量管材壁厚

三是摸管材质感。优质管材摸起来光滑平整，不会出现波浪、节大节小、内壁不均、划痕、坑陷等情况，这样的管材使用寿命才会长久。

（七）防水材料外观质量判别

防水材料进场应观察产品的包装和外观。优质防水材料包装整洁、标识清晰，包括产品名称、生产日期、厂家信息等。防水卷材外观应光滑平整，无明显的凹凸不平和色差，无明显的划痕、开裂或破损等缺陷，如图 9-40 所示。

图 9-40　防水卷材外观

【小贴士】闻气味判断防水材料质量。质量好的防水材料应无刺激性气味，且触感细腻、不粘手。劣质防水材料气味刺鼻，甚至可能含有毒物质。

（八）装修材料外观质量判别

1. 饰面砖外观质量判别

饰面砖表面不得有明显的磨痕、裂痕、色差、斑点等，砖面纹理要求清晰自然，边角要求无破损、剥落等。砖面应保持光滑、清晰一致，如图 9-41 所示。如有特殊纹饰，应与同批次产品保持一致。

图 9-41 饰面砖外观

外观质量判别包括：表面平整度、色差、砖面纹理、边角完整度等项目检查。

饰面砖的尺寸偏差包括：长度偏差、宽度偏差、厚度偏差等。长度偏差要求在 ±1.5mm 以内，宽度偏差要求在 ±1.5mm 以内，厚度偏差要求在 ±0.5mm 以内。

2. 踢脚线外观质量判别

一看材料的颜色纯正鲜艳程度。好材料的踢脚线是一道工艺加工出来的，颜色一般比较纯，而差的踢脚线颜色就呈暗灰黑色，是由第一道工艺出来的废料加工成的。

二看厚度，看重量，在材料确定可以的情况下踢脚线越厚越耐用。如图 9-42 所示。

图 9-42 踢脚线外观

三看表面，如果是贴皮踢脚线就得看表皮是否起小泡，是否与材料粘得牢固，还得注意表皮是否为好 PVC 皮，有的踢脚线表面贴的是纸。如果表面是刷漆处理的踢脚线，就得注意表面是否有节眼，并看漆的致密程度。

3. 吊顶材料外观质量判别

乡村建设农房的厨房和厕所常用铝扣板吊顶，如图 9-43 所示。铝扣板外观质量判别主要看材质、涂层、覆膜以及工艺。

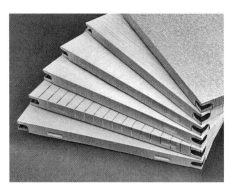

图 9-43　铝扣板吊顶外观

看材质：不要被扣板厚度误导，重点要看材质，用手抚摸感触扣板质感，是否如丝般顺滑，如有脏点或颗粒，说明是非原生态铝材，环保大打折扣。

看涂层：质量越好的铝材本身附着性就好，所以涂层不需很厚，涂层太厚不环保，同时也不利于体现金属质感。

看覆膜：覆膜扣板是在铝材表面热压一层 PVC 膜，厚度一般在 0.15mm 左右，如果覆膜太厚，说明铝扣板就会更薄，成本低廉。

看工艺：做工精良的铝扣板，无论正面、侧面、背面看，色泽都非常均匀、图案精致。特别要关心扣板背面的涂层处理是否精细。

第三节　施工机具准备

（一）手持电钻的故障识别及维修保养

1. 手持电钻故障识别及排除

手持电钻常规故障识别及排除方法见表 9-12。

手持电钻常见故障识别及排除方法 表 9-12

故障	产生原因	排除方法
通电后电机不转动	（1）电源断路	（1）修复电源
	（2）接头松脱	（2）检查所有接头
	（3）开关接触不良	（3）修理或更换开关
	（4）电刷与换向器表面不接触	（4）检查电刷位置使其与换向器接触吻合
通电后有异常声音且不能转动或转速很慢	（1）开关触点烧坏	（1）修理或更换开关
	（2）轴向推力过大使电钻超负荷	（2）减少推力
	（3）钻进时，工具被卡住	（3）停止推进或退出工具
	（4）轴承过紧或齿轮折齿	（4）更换轴承或齿轮
	（5）机械传动部分卡住	（5）检查机械部分卡住原因并消除
电机转但转轴不转	（1）钻轴上的键折断	（1）换用新键
	（2）中间齿轴折断	（2）更换中间齿轴
	（3）电枢轴齿部折断	（3）更换电枢
减速箱外壳过度发热	（1）减速箱中缺乏润滑脂或润滑脂变质	（1）清洗后添加或更换润滑脂
	（2）齿轮啮合过紧或齿间有杂物	（2）检查齿轮或清除杂物
电机外壳过热	（1）负荷过大	（1）钻孔进入速度适当减慢
	（2）钻头太钝	（2）磨锐钻头或换用新的
	（3）电钻装配不合理	（3）检查电枢是否卡紧
换向器上产生较大火花	（1）电枢短路	（1）修复电枢
	（2）电刷与换向器接触不良	（2）检查换向器与电刷接触情况
	（3）换向器表面不平或污垢物较多	（3）消除换向器表面上污垢并磨光其表面
夹头松脱或钻头不转	（1）钻轴锥面或钻夹头内锥有污垢物	（1）清除污垢物重新装上
	（2）钻夹头夹持不紧	（2）夹紧钻头

2. 手持电钻的维修保养

1）电动机修理

（1）表现：通电后，电动机无反应，导致手电钻不能正常作业。

维修办法：电动机不能正常作业，应该拆开电钻机身，如图 9-44 所示，查看是否由于保险丝熔断或电源线烧断。如果存在这方面的问题，应该当即替换保险丝或电源线；还有可能是由于电枢绕组或定子绕组的损坏，须替换或修理绕组；还有可能是由于轴承生锈，应为轴承加上润滑油或进行除锈处理。

（2）表现：电动机越转越慢，导致手电钻的冲击力减小，不能正常作业。

维修办法：由于电刷受到严重的磨损所导致的，应该当即进行替换。

（3）表现：电动机作业时噪声过大，电钻不停震颤。

维修办法：由于轴承磨损形成的，这就得对轴承进行替换。

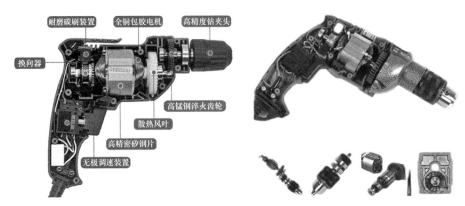

图 9-44　拆开电钻机身

2）电枢绕组的修理

电枢绕组是手电钻中适当重要的组件，如图 9-45 所示，它的损坏会导致手电钻无法进行正常作业。常见的问题有电枢绕组的短路与断路。

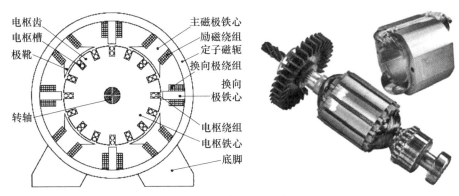

图 9-45　电枢绕组示意图

（1）电枢绕组短路：由于电枢绕组线圈中相邻线圈之间的绝缘表层损坏，导致线圈不能通电，影响正常作业。因此在发现线圈有损坏或线匝的表层绝缘原料有损坏时，应该及时替换线圈，以保证电枢绕组正常作业。

（2）电枢绕组断路：可以用全能测量表进行检测，如果两个换向器之间的电阻值大于正常的参数值，那么这两个换向器之间的线圈必定存在断路，应该当即对这之间的线圈进行替换。

3）手持电钻的保养

（1）经常检查钻头和螺丝刀头：发现钻头磨损时应更换或重新磨锋利。若使用尖端磨损或断裂的钻头，将滑脱而导致危险，所以换用新的。

（2）检查安装螺钉：要经常检查安装螺钉是否紧固妥善，若发现螺钉松了，应立即重新扭紧，否则会发生严重的事故。

（3）定期拆开机身，清洁转子，把转子前的螺旋齿轴抹干净，把壳体内部的油污清抹干净，把钻夹头杆上的斜齿轮和两端轴承（或轴套）清抹干净，最后按照原样装回，将润滑脂加在齿轮副和轴承之间。

（二）无齿锯的故障识别及维修保养

无齿锯常见故障包括锯刃裂纹、锯齿生锈和锯齿卡住现象等。通过更换锯刃、保养锯齿、选择合适的锯齿类型、注意工作负荷和使用适当的助力工具等方式，可以有效排除无齿锯的故障，保证无齿锯的正常使用。

1. 无齿锯常见故障识别

1）锯刃出现裂纹或磨损

当锯刃出现裂纹或磨损时，会导致无齿锯的锯齿不够锋利，影响锯齿的切割效果。造成这种情况的原因可能是锯齿使用时间过长，或者使用不当。

2）锯齿生锈

由于无齿锯经常接触水分和空气，锯齿容易因为生锈而影响锯齿的使用效果。

3）锯齿产生卡住现象

使用无齿锯时，有时锯齿可能会被切割材料卡住，导致无法正常工作。这种故障可能是由于木材太硬或者锯齿积尘等原因造成的。

2. 无齿锯的维修保养

1）更换锯刃

如果发现锯刃裂纹严重或者磨损较大，应该及时更换锯刃。

2）保养锯齿

定期清洗锯齿，涂抹油脂，可以有效延长锯齿的使用寿命，避免锯齿出现生锈等问题。

3）选择合适的锯齿类型

如果锯齿经常卡顿或者效果不佳，可以尝试更换适合于切割材料类型的锯齿，以提高工作效率。

4）注意工作负荷

避免超负荷使用无齿锯，尽量避免在切割材料太硬的情况下使用，以避免出现卡顿等故障。

（三）钢筋调直机的故障识别及维修保养

1. 钢筋调直机的常见故障识别

1）机器启动不了

（1）电源接触不良：首先检查电源接线端是否接触良好，若确认连接紧密，然后检查供电电源是否正常。

（2）保险丝烧坏：检查保险丝是否烧坏，如烧坏须更换新的保险丝。

（3）机器线路或插头问题：检查机器线路和插头是否存在故障，如有故障须更换。

2）调直效果不佳

（1）调直轮偏移：情况较为严重时，须调整调直轮位置，将其偏移角度调整到正常位置。

（2）钢筋卡死：检查钢筋走动是否畅通，如有卡顿现象，需要进行清理维修。

（3）调直轮磨损：检查调整轮是否损坏，如损坏须更换新的调整轮。

3）电路故障

（1）电路板故障：检查电路板是否存在线路短路或损坏现象，如有故障需要修复或更换。

（2）压缩机故障：检查压缩机是否正常，如存在故障则须更换压缩机或进行修复。

4）机器油泵故障

（1）油泵故障：检查油泵是否正常工作，如存在故障则须进行修复或更换。

（2）油压过低：检查油泵压力是否正常，如油泵压力过低需要进行维护和清洗。

钢筋调直机常见故障可能会影响到钢筋加工的效率，针对这些故障需要及时处理和维修，保障钢筋调直机正常工作。

2. 钢筋调直机的维修保养

（1）设备外观和结构的检查。检查设备是否有明显的变形、损坏、锈蚀等情况，检查是否有松动的螺栓、螺母，以及设备的固定和支撑是否稳固。

（2）电气部件和连接线路的检查。检查电气系统接地是否良好，电气连接线路是否接触良好，电气元件是否工作正常，以及电气线路是否有老化和磨损的情况。

（3）润滑油和润滑部件的保养。包括检查润滑油的添加和更换情况，润滑部件的清洁和涂油情况，以及润滑系统的工作状态和泄漏情况。

（4）机器运行参数的检测和调整。包括检测直径调整装置的工作情况，调整直径的准确性，以及调整装置的灵敏度和稳定性。

（5）安全措施的检查和落实。包括检查是否有明显的安全隐患，是否有完善的警示标志和安全防护装置，以及个人防护措施是否到位。

钢筋调直机的维修保养不仅是为了保证设备的正常运行，更是为了保障施工人员的安全和施工质量。

（四）钢筋弯曲机的故障识别及维修保养

1. 钢筋弯曲机常见故障识别

1）钢筋出现折断现象

（1）原因：弯曲角度过大，工作台调整不当，弯曲机偏转度不一致等。

（2）处理方法：调整弯曲角度和工作台位置，调整弯曲机偏转度或更换配件等。

2）弯曲过程中卡住不动

（1）原因：弯曲机刀具磨损、断裂，刀模间隙过小等。

（2）处理方法：更换刀具或调整刀模间隙。

3）弯曲机手臂移动不灵活或不正常

（1）原因：手臂松动，皮带松动，电机故障等。

（2）处理方法：紧固手臂或更换手臂配件，调整皮带松紧和更换电机。

4）弯曲机工作轴卡住或不转动

（1）原因：轴承润滑不足，轴承损坏等。

（2）处理方法：增加润滑或更换轴承。

5）机器不稳定

处理方法：检查机器底座和四轮螺栓是否松动，及时使用扳手将其固定；检查机器液压油箱油量是否充足；在机器不稳定的地方加垫高密度泡沫胶垫片或者铁垫片，增加机器的稳定性。

6）弯曲角度不准确

处理方法：检查机器刀片是否松动或者磨损；调整夹具和刀具位置，根据需要进行微调；切换到其他角度后，再返回需要的角度进行操作。

7）弯曲力度不够

处理方法：检查液压系统是否正常；检查钢筋是否正常放置，是否符合规定的材料；检查夹具的夹紧程度。

2. 钢筋弯曲机的维修保养

1）清洁和润滑

定期清除钢筋弯曲机表面的灰尘和杂物；使用适当的清洁剂和软布清洁机器的外壳；检查润滑部件，如滚轴、链条等，确保润滑油充足并正常工作。

2）检查和修理

定期检查电线、插头等电气部件，确保无暴露的电线和短路风险；注意观察机器运行中的异常声音、振动或其他问题，并及时采取措施予以解决；如发现需要修理的情况，及时联系专业技术人员进行维修。

3）检验和校准

定期进行设备的检验和校准工作，检查钢筋弯曲机的操作准确性和稳定性，确保其在使用过程中输出的产品符合要求。

4）安全措施

每次使用前，确保所有安全设备和保护装置正常运行；维护完毕后，切勿忘记关闭电源并将钢筋弯曲机放置在适当的位置。

第十章　测量放线

第一节　测量

（一）建筑物垂直度的测量

乡村建筑物一般不超过 3 层，在建筑施工过程中及竣工验收前，为保证建筑上部结构或墙面、柱等与地面铅垂，需要进行建筑物垂直度观测，一般是用铅锤或激光水平仪来测量建筑物的垂直度。

1. 铅锤测量垂直度

如图 10-1 所示，当建筑上部结构或墙面施工到一定高度后，采用吊锤球法测量垂直度，操作人员可手持铅锤线一端，让铅锤自然下垂，操作人员面向墙面，观察墙角线与铅锤连接线是否重合，若重合，则墙面垂直；若不重合，则墙面有倾斜。此时，可以用尺子分别量取墙面下部、中部、上部铅锤连接线与墙面的距离，记录并与标准对比。

图 10-1　铅锤观测法

也可使用铅锤配合铝合金靠尺进行观测，使用时，让靠尺紧贴墙面，观察（读取）铅锤连接线偏移的距离，如图 10-2（a）所示；当铅锤连接线偏移铝合金靠尺中心红线时，如图 10-2（b）所示，说明墙面有倾斜；可使用塞尺测量倾斜大小，观察铝合金靠尺与墙面最大缝隙，放入塞尺，进行测量，如图 10-2（c）所示。

（a）靠尺紧贴墙面　　　　（b）铅锤连接线偏移靠尺中心红线　　　　（c）塞尺进行测量

图 10-2　铅锤、铝合金靠尺观测法

2. 激光水平仪测量垂直度

激光水平仪观测与铅锤观测类似，方法为将激光水平仪放置在操作人员所在墙面下，整平，打开竖向激光，底部对准墙角外边线，眼睛观察墙面外边线与激光是否重合，若重合，则墙面垂直；若不重合，则墙面倾斜。此时，可以用钢卷尺分别量取墙面下部和上部激光与墙面的距离，记录并与标准对比。

（二）室外道路、构筑物、景观测量定位

室外道路、构筑物、景观测量定位可采用直角坐标法。

1. 建立平面控制坐标系

建立平面控制坐标系是测量定位的前提，条件允许的情况下，应建立大地坐标系，若条件不具备，可建立独立平面直角坐标系。

如图 10-3 所示，在靠近室外道路、构筑物、景观处，选择合适位置，钉木桩，桩顶部钉钢钉或用铅笔划十字记为点 A，用卷尺沿着靠近室外道路、构筑物、景观位置拉出固定距离（假定为 50m），钉木桩，桩顶部钉钢钉或用铅笔划十字记为点 B。可以设计 A 点、B 点分别为（1000，1000）、（1000，1050）。此时，完成坐标系建立。

2. 室外道路、构筑物、景观测量定位工作

对室外道路、构筑物、景观等进行点线面简化处理，可以理解为均由特征点构成。室外道路直线段由起点、始点两点构成，弯道段一般由三个点构成；构筑物选取角点；如果是独立景观，如独立树，以单点表示，林地、果园、草地、苗圃等有范围的景观，以连续曲线勾绘，再选择曲线上特征点。

如图 10-3 所示，以 AB 方向为 X 轴，找出 1 号特征点在 AB 连线上的垂足，用卷尺量出垂距 X1、Y1，则可以定出 1 号特征点。同理，确定其他点位。

最后，将所有点按照一定比例尺展绘到坐标方格纸上，完成图纸，如图 10-4 所示。

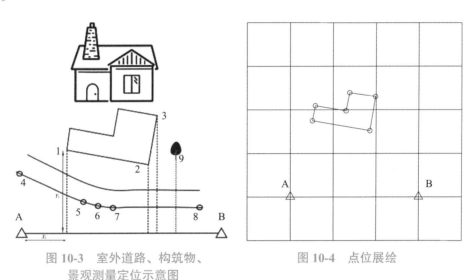

图 10-3　室外道路、构筑物、
景观测量定位示意图

图 10-4　点位展绘

第二节　放线

农房建设时，应根据设计图纸在实地放线，具体包括水准点引测和建筑物基坑边线、轴网控制线引测。

（一）水准点引测

根据乡村建设实际，施工场区的地坪标高一般与相邻建筑物标高一致，水准点引测一般有水准测量法和水平管测量法两种方法。

1. 水准测量

测设已知高程，是利用水准测量的方法，根据已知水准点，将设计高程测设到现场作业面上。在建筑设计和建筑施工中，为了计算方便，一般把建筑物的室内地坪用 ±0.000 表示，基础、门窗等标高都是以 ±0.000 为依据确定的。

如图 10-5 所示，某建筑物的室内地坪设计高程为 25.000m，附近有一水准点 A_1，其高程为 $H_1 = 24.110$m。现在要求把该建筑物的室内地坪高程测设到木桩上，作为施工时控制高程的依据。

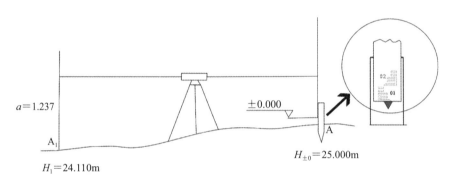

图 10-5　地面上测设已知高程

测设方法如下：

（1）在水准点 A_1 和木桩之间安置水准仪，在 A_1 点立水准尺，用水准仪的水平视线测得后视读数 a 为 1.237m，此时视线高程为：

$$H_i = H_1 + a = 24.110 + 1.237 = 25.347\text{m} \tag{10-1}$$

（2）计算 A 点水准尺尺底为室内地坪高程时的前视读数：

$$b = H_i - H_{设} = 25.347 - 25.000 = 0.347\text{m} \tag{10-2}$$

（3）上下移动竖立在木桩侧面的水准尺，直至水准仪的水平视线在尺上截取的读数为 0.347m 时，紧靠尺底在木桩上画一水平线，其高程即为 25.000m。

（4）为了醒目，通常在横线下用红油漆画"▼"，若该点为室内地坪，则在横线上注明 ±0.000。

2. 水平管测量

取一段长为 5～10m 的透明水管（直径 10mm），利用连通器的原理，连通器的两端都是敞口，两端水位是一样的高度。如图 10-6 所示，在相邻建筑物外墙用铅笔做一记号，用钢卷尺量取此记号与此建筑物地坪垂直距离 S。然后，将加入水的透明水管一端贴近记号 A 处，另一端贴近在建墙体 B，慢慢动作提升或者下降 A 处水管，当 A 处水位线与记号平齐，水位线稳定不变，用铅笔在墙体 B 处对齐水管水位线画横线，此线高度与 A 处高度相等。再用钢卷尺量向下取 S 距离，即为地坪位置。注意，水管中不能有气泡，否则影响测量结果。

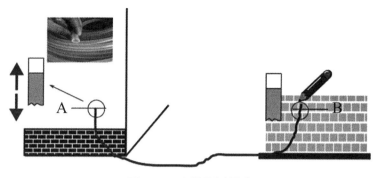

图 10-6　水平管测量法

（二）建筑物基坑边线、轴网控制线引测

建筑物基坑边线、轴网控制线引测属于建筑物的放线内容，如图 10-7 所示，程序为：根据图纸标定左上角 C_1 点和通过 C_1 点的竖向轴线，利用直角尺或勾股定律确定通过 C_1 点的横向轴线。然后详细测设其他各轴线交点的位置，并将其延长到安全的地方做好标志。基坑边线以细部轴线为依据，按照开挖尺寸用白灰撒出建筑物基坑开挖边线。具体放样方法如下：

1. 测设细部轴线交点

如图 10-7 所示，A 轴、C 轴、①轴和⑤轴是四条建筑物的外墙主轴线，其轴线交点 A_1、A_5、C_1 和 C_5 是建筑物的定位点。

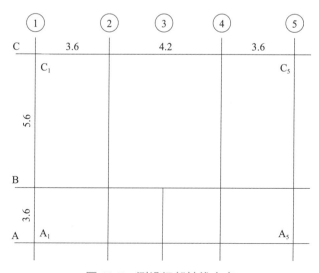

图 10-7　测设细部轴线交点

203

1）定向

某农房长宽主轴线尺寸是 11.4m×9.2m，如图 10-8 所示，在 C_1 处钉木桩，沿着 C_1A_1 方向（此方向大致与审批红线边线或原有宅基地边线平行），使用钢卷尺量取 9.2m，钉木桩即为 A_1。C_1 桩顶部钉钢钉或用铅笔划十字记为点 C_1，以钢钉处为起点，沿着 C_1A_1 方向量取 3m，钉木桩，上面钉钢钉或用铅笔划十字，记为点 D；再按照同样方法，沿着 C_1C_5 方向（此方向大致与审批红线边线或原有宅基地边线平行），以点 C_1 为起点，固定距离（此时设置钢卷尺长度为 4m）为半径，在 C_1C_5 方向用铅笔画圆弧（地面可放置一块砖或者木板，圆弧在其上绘制），再按照同样方法，以点 D 为起点，固定距离（此时设置钢卷尺长度为 5m）为半径，在 C_1C_5 方向画圆弧，两圆弧交点即为 F 点，此时即确定 C_1C_5 方向，与 C_1A_1 方向垂直。从 C_1 处拉细绳，使细绳严格经过 F 点，C_1C_5 距离为 11.4m，即确定 C_5 位置。按照确定点 C_5 方法，利用钢卷尺量距离，确定点 A_5 和剩下的轴线控制桩。最后，利用细绳将建筑物四个角点连接起来。

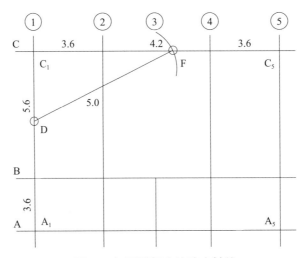

图 10-8　圆弧相交法确定轴线

2）定交点

当轴线控制桩已在地面上测设完毕，即可测设次要轴线与主轴线的交点。依然按照量距离方法定位交点。各细部轴线点测设完成后，应在测设位置打木桩（桩上钉小钉），这种桩称为中心桩。测设完最后一个交点后，用钢尺检查各相邻轴线桩的间距是否等于设计值，相对误差不应超过规范要求。

2. 建筑物基坑边线引测

如图 10-9 所示，先按基础剖面图给出的设计尺寸计算基槽的开挖宽度 d。

$$d = b_1 + 2(c + b_2) \tag{10-3}$$

$$b_2 = pH \tag{10-4}$$

式中，b_1 为基底宽度，可由基础剖面图中查取，c 为施工工作面宽度，H 为基槽深度，p 为边坡坡度的分母，b_2 为边坡坡度计算出的水平距离。根据计算结果，在地面上以轴线为中线往两边各量出 $d/2$，拉线并撒上白灰，即为开挖边线。如果是基坑开挖，则只需按最外围墙体基础的宽度、深度及放坡确定开挖边线。乡村建筑开挖边线也可按照以轴线为中心线，两边扩宽 0.4～0.5m 放线，撒白石灰，确定建筑物基坑边线，见图 10-10。

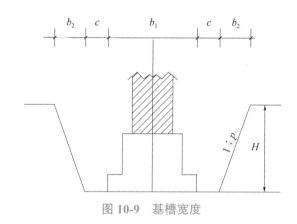

图 10-9　基槽宽度

图 10-10　基坑槽开挖

3. 轴网控制线引测

本书第六章第二节（四）建筑物各层轴线、控制线的引测已经介绍了外吊锤球法和经纬仪法引测轴网控制线。这里主要介绍轴线控制点的设置以及内部吊线坠法和激光铅垂仪法引测轴线控制网。

1）轴线控制点的设置

在基础施工完毕后，在 ±0.000 首层平面上适当位置设置与轴线平行的辅助轴线。辅助轴线距轴线 500～800mm 为宜，并在辅助轴线交点或端点处埋设标志，如图 10-11 所示。以后在各层楼板位置上相应预留 200mm×200mm 的传递孔，在轴线控制点上直接采用吊线坠法或激光铅垂仪法，通过预留孔将其点位垂直投测到任一楼层。

2）吊线坠法

吊线坠法是利用钢丝悬挂重锤球的方法进行轴线竖向投测。锤球的重量为 10～20kg，钢丝的直径为 0.5～0.8mm。投测方法如下：

如图 10-12 所示，在预留孔上面安置十字架，挂上锤球，对准首层预埋标志。当锤球线静止时，固定十字架，并在预留孔四周作出标记，作为以后恢复轴线及放样的依据。此时，十字架中心即为轴线控制点在该楼面上的投测点。

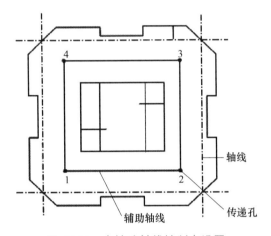

图 10-11　内控法轴线控制点设置

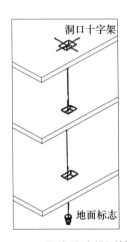

图 10-12　吊线坠法投测轴线

【小贴士】用吊线坠法实测时，要采取一些必要措施减少摆动，如用铅直的塑料管套着坠线或将锤球沉浸于水（或油）中。

3）激光铅垂仪法

激光铅垂仪上设置有两个互成90°的管水准器，并配有专用激光电源。如图 10-13 所示。

激光铅垂仪投测轴线示意如图 10-14 所示，其投测方法如下：

（1）在首层轴线控制点上安置激光铅垂仪，利用激光器底端（全反射棱镜端）所发射的激光束进行对中，通过调节基座整平螺旋，使管水准器气泡严格居中。

（2）在上层施工楼面预留孔处，放置接收靶。

（3）接通激光电源，启动激光器发射铅直激光束，通过发射望远镜调焦，使激光束会聚成红色耀目光斑，投射到接收靶上。

（4）移动接收靶，使靶心与红色光斑重合，固定接收靶，并在预留孔四周作出标记，此时，靶心位置即为轴线控制点在该楼面上的投测点。

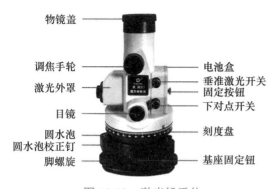

物镜盖

调焦手轮
激光外罩
目镜
圆水泡
圆水泡校正钉
脚螺旋

电池盒
垂准激光开关
固定按钮
下对点开关

刻度盘

基座固定钮

图 10-13　激光铅垂仪

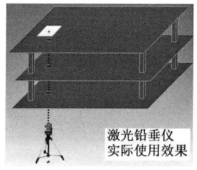

激光铅垂仪
实际使用效果

图 10-14　激光铅垂仪投测轴线

第十一章　工程施工

第一节　加工制作

（一）使用钳形电流表、摇表等进行电气测量

1. 钳形电流表

钳形电流表由电流互感器和电流表组合而成。钳形电流表就是一种用于测量正在运行中的电气线路中电流量的仪表，当我们需要在不断开电路的情况下测量电流时，便可以使用钳形电流表（有时简称钳形表、钳表）。电流互感器的铁心在压下钳夹扳手，钳口张开，钳口中央放入预测量的导线，松开钳夹扳手，钳口闭合，数值稳定即可读数。

1）钳形电流表的结构

钳形电流表结构示意图如图 11-1 所示。

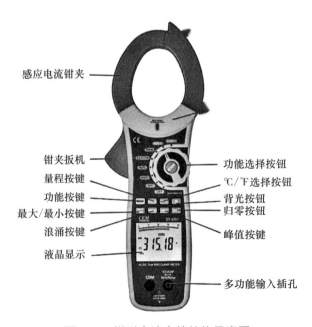

图 11-1　钳形电流表的结构示意图

2）钳形电流表的使用方法

（1）测量前，应先检查钳形铁心的橡胶绝缘是否完好无损。钳口应清洁、无锈，闭合后紧密。

（2）测量时，应先估计被测电流大小，选择适当量程。若无法估计，可先选较大量程，然后逐挡减少，转换到合适的挡位。转换量程挡位时，必须在不带电情况下或者在钳口张开情况下进行，以免损坏仪表。

（3）测量时，被测导线应尽量放在钳口中部，钳口的结合面如有杂声，应重新开合一次，若仍有杂声，应处理结合面，以使读数准确。另外，不可同时钳住两根导线。

（4）测量 5A 以下电流时，为得到较为准确的读数，在条件许可时，可将导线多绕几圈，放进钳口测量，其实际电流值应为仪表读数除以放进钳口内的导线圈数。

3）注意事项

（1）使用指针式钳形电流表测量前，应检查仪表指针是否在零位，若不在，应调至零位。

（2）测量时应先估计被测量值的大小，将量程旋钮置于合适的挡位。若测量值暂不能确定，应将量程旋至最高挡，然后根据测量值的大小，变换至合适的量程。

（3）测量电流时，应将被测载流导线置于钳口的中心位置，以免产生误差。

（4）为使读数准确，钳口的两个面应接触良好。若有杂声，可将钳口重新开合一次。

（5）测量后一定要把量程旋钮置于最大量程挡，以免下次使用时，由于未经量程选择而损坏仪表。

（6）被测电流过小（小于 5A）时，为了得到较准确的读数，若条件允许，可将被测导线绕几圈后套进钳口进行测量。此时，钳形表读数除以钳口内的导线圈数，即为实际电流值。

（7）不要在测量过程中切换量程。不可用钳形表去测量高压电路，否则会引起触电，造成事故。

2. 兆欧表

1）兆欧表的结构

兆欧表又称摇表，是专用于检查和测量电气设备或供电线路的绝缘电阻的一种可携式仪表，单位是兆欧（MΩ）。兆欧表的种类很多，但其作用原理基本相同，常用 ZC25 型兆欧表的外形如图 11-2 所示。

兆欧表主要是由手摇发电机和磁电系电流比率式测量机构组成。手摇发电机的额定输出电压有 500V、1kV、2.5kV、5kV 等几种，对应量程为 500MΩ、1000MΩ、

$2500M\Omega$、$5000M\Omega$。

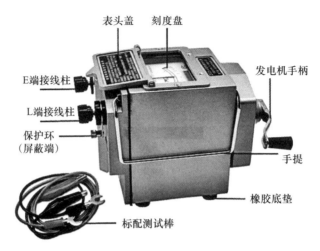

图 11-2 兆欧表结构

2）兆欧表使用前准备

兆欧表在每次使用前应先进行闭路试验和开路试验，方法为：

（1）闭路试验：将两个测试棒对接，轻转摇动手柄（图 11-3），此时刻度盘指针应迅速回零，闭路试验成功。

（2）开路试验：将两个测试棒断开，轻转摇动手柄（图 11-4），此时刻度盘指针应趋向于无穷大，此时手柄转速逐渐加大到 120r/min，开路试验成功。

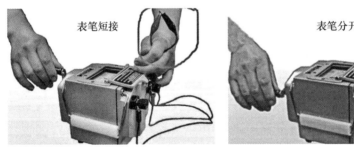

图 11-3 闭路试验   图 11-4 开路试验

开路试验和闭路试验都成功后，说明摇表功能正常，才能进行下一步测量。

3）兆欧表的使用方法

（1）线路间绝缘电阻的测量。测量前应使线路停电，被测线路分别接在线路端钮"L"上和地线端钮"E"上，用左手稳住摇表，右手摇动手柄，速度由慢逐渐加快，并保持在 120r/min 左右，持续 1min，读出表针读数，单位为 $M\Omega$。

（2）线路对地间绝缘电阻的测量：测量前将被测线路停电，将被测线路接于兆欧表的"L"端钮上，兆欧表的"E"端钮与地线相连接，测量方法同上。

（3）电动机定子绕组与机壳间绝缘电阻的测量：在电动机断开电源后，将电动机的定子绕组接在兆欧表的"L"端钮上，机壳与兆欧表的"E"端钮相连，测量方法同上（图 11-5）。

（4）电缆缆芯对缆壳间的绝缘电阻的测量。在电缆停电后，将电缆的缆芯与兆欧表的"L"端钮连接，缆壳与兆欧表的"E"端钮连接，将缆芯与缆壳之间的内层绝缘物接于兆欧表的屏蔽钮"G"上，以消除因表面漏电而引起的测量误差（图 11-6）。

图 11-5　测试电动机

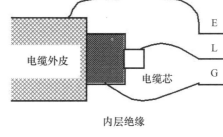

图 11-6　测试电缆

（5）正确选择兆欧表的量程。一般测量低压电气设备绝缘电阻时，可选用 500～1000MΩ 量程的仪表，测量高压电气设备或电缆时可选用 1000～2000MΩ 量程的仪表。

4）兆欧表使用注意事项

（1）在进行测量前应先切断被测线路或设备的电源，经验电无电后进行充分放电（约需 2～3min），以保证设备及人身安全。

（2）在进行测量前应将与被测线路或设备相连的所有仪表及其他设备退出（如电压表、功率表、电能表及电压互感器等），以免这些仪表及其他设备的电阻影响测量结果。

（3）兆欧表接线柱与被测设备间的连接导线不能用双股绝缘线或绞线，应用单股线分开单独连接，避免因绞线的绝缘不良而引起测量误差。

（4）测量电容器及较长电缆等设备的绝缘电阻时，一旦测量完毕，应立即将"L"端钮的连线断开，以免兆欧表向被测设备放电而损坏仪表。

（5）测量完毕后，在手柄未完全停止转动及被测对象没有放电之前，切不可用手触及被测对象的测量部分及拆线，以免触电。

（二）接地电阻测试方法

1. 接地电阻测试方法

现行国家规范《电气装置安装工程接地装置施工及验收规范》DL/T 5852—2022 要求电力系统中工作接地不得大于 4Ω，保护接地不得大于 4Ω；重复接地不得大于

10Ω；防雷保护时，独立避雷针不得大于10Ω。接地电阻表结构如图11-7所示，使用方式如下：

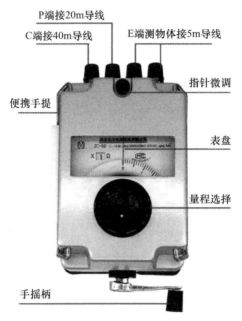

图 11-7　接地电阻表结构图

（1）将仪表放置水平位置，检查检流计的指针是否在中心线上，否则，应用零位调整器将其调整于中心线上。

（2）将"倍率标度"置于最大倍数，慢慢转动发电机的摇把，同时，转动手柄，测量标使检流计的指针指于中心线上。

（3）当检流计的指针接近平衡时，加快发电机摇把的转速，使其达到每分钟120转以上，同时调整"测量标度盘"，使指针指于中心线。

（4）如"测量标度盘"的读数小于1时，应将倍率置于较小的倍数，再重新调"标度盘"以得到正确的读数。

（5）在填写此项记录时，应附以电阻测试点的平面图，并对测试点进行顺序编号。

2. 注意事项

（1）接地线路要与被保护设备断开，以保证测量结果的准确性。

（2）下雨后和土壤吸收水分太多的时候，以及气候、温度、压力等急剧变化时不能测量。

（3）被测地极的附近不能有杂散电流和已极化的土壤。

（4）探测针应远离地下水管、电缆、铁路等较大金属体，其中，电流极应远离

10m以上，电压极应远离50m以上，如上述金属体与接地网没有连接时，可缩短距离1/3～1/2。

（5）注意电流极插入土壤的位置，应使接地棒处于零电位的状态。

（6）连接线应使用绝缘良好的导线，以免有漏电现象。

（7）测试现场不能有电解物质和腐烂物质，以免造成数据不准。

（8）测试宜选择土壤电阻率大的时候进行，如干燥季节时。

第二节 现场施工

（一）电气线管穿线施工

电气线管穿线施工工艺流程：选择导线→扫管→穿带线→放线及断线→导线与带线的绑扎→管内穿线。

1. 选择导线

（1）应根据设计图纸要求，正确选择导线规格，型号及数量。

（2）相线、零线及保护地线的颜色应加以区分，用绿黄双色线做保护地线，淡蓝色为工作零线，黄、绿、红色为相线。

（3）穿在管内绝缘耐压导线的额定电压不低于450V。

2. 扫管

（1）清扫管路要清除管路中的灰尘、泥水浮锈等杂物。

（2）清扫管路的方法：将布条两端牢固地绑扎在带线上，两人来回拉动带线，将管内杂物清净。

3. 穿带线

1）穿带线的同时，也检查管路是否畅通，管路的走向及盒、箱的位置是否符合设计及施工图的要求。

2）穿带线的方法：

（1）带线一般均采用$\phi 1.2～2.0mm$的钢丝。先将钢丝的一端弯成不封口圆圈，再利用穿线器将带线穿入管路内，管路的两端均应留有100～150mm的余量。

（2）当管路较长或转弯较多时，可以在敷设管路的同时将带线穿好。

（3）当穿带线受阻时，应用两根钢丝分别在两端同时搅动，使两根钢丝的端头互相钩绞在一起，然后将带线拉出。

4. 放线及断线

1）放线

（1）放线前应根据施工图对导线的规格、型号颜色进行确认。

（2）放线时导线应置于放线架上。

（3）放线时应边放边整理，不应出现挤压背扣、扭结、损伤绝缘等现象，并应将导线按回路绑扎成捆，绑扎时应采用尼龙绑扎带，不允许使用导线绑扎。

2）断线

剪断导线时，导线的预留长度应按以下四种情况考虑：

（1）接线盒、开关盒、插销盒及灯头盒内导线的预留长度应为150mm。

（2）配电箱内导线的预留长度应为配电箱体周长的1/2。

（3）出户导线的预留长度应为1.5m。

（4）公用导线在分支处，不可剪断导线而直接穿过。

5. 导线与带线的绑扎

（1）导线根数较少，例如2~3根，可将导线前端绝缘层削去，然后将线芯直接插入带线的盘圈内并折回压实，绑扎牢固，使绑扎接头处形成一个平滑的锥形过渡部位。

（2）当导线根数较多或导线截面较大时，可将导线端部的绝缘层削去，然后将线芯斜错排列在带线上，用绑线缠绕绑扎牢固，使绑扎接头处形成一个平滑的锥形过渡部位，便于穿线。

6. 管内穿线

1）在钢管（电线管）穿线前，应首先检查各个管口的护口是否齐全，如有遗漏或破损，应补齐和更换。

2）当管路较长或转弯较多时，要在穿线的同时往管内吹入适量的滑石粉。

3）当两人穿线时，应配合协调，一拉一送。

4）穿线时应注意下列问题：

（1）不同回路、不同电压和交流与直流的导线，不得穿入同一管内。

（2）导线在变形缝处，补偿装置应活动自如。导线应留有一定的余量。

（3）敷设于垂直管路中的导线，当超过长度时应在管口处和接线盒中加以固定。

（4）穿入管内的绝缘导线，不准接头，不能出现局部绝缘破损及死弯的情况。

5）施工完成后，应检查线路通畅，管线绝缘良好，接线牢固可靠。

【小贴士】操作过程中要遵守安全操作规程，防止触电、短路等事故发生。接线时要确保接线牢固，避免因接线不良导致出现故障，线管布置要整齐、清晰，便于日后的维修和检查。

（二）配电系统保护装置安装

低压配电系统是低压配电线路（1kV以下电压）中的控制保护设备。配电系统保护装置在低压电路中对过压、失压、过流等起保护功能，保障供电系统平稳运行的装置，包含熔断器、空气开关、热继电器、漏电保护器和接触器。

1. 熔断器

熔断器是最常见的低压配电系统保护装置之一，常用于保护电路和设备不被过载和短路所损坏，图11-8所示为常见的熔断器。熔断器的主要工作原理是在电路中断开并熔断金属丝或熔丝，以避免电流过大而造成设备损坏和安全事故的发生。电路符号：FU。

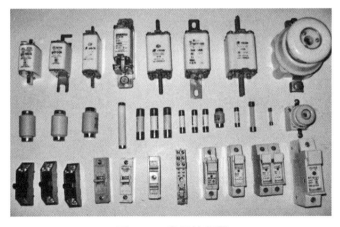

图11-8　常见熔断器

安装使用要求：

（1）用于安装使用的熔断器应完整无损。熔断器安装时应保证熔体与夹头、夹头与夹座接触良好。

（2）熔断器内要安装合格的熔体。更换熔体或熔管时，必须切断电源。

（3）熔体熔断后，应分析原因排除故障后，再更换新的熔体。熔断器兼作隔离器件使用时，应安装在控制开关的电源进线端。

【小贴士】在感性负载电路中做保护，启动电流是额定电流的4～7倍，一般熔体额定电流选择是负载电流的1.5～2.5倍，这样熔断器就很难起到过载保护作用，因而熔断器只能用作感性负载电路中，做短路保护，不能用作过载保护，过载保护只能选择热继电器做保护。

2. 空气开关

空气开关是一种电气保护装置，能够实现对电路过载和短路的保护，并且还可以在紧急情况下手动断开电路，如图11-9所示。空气开关具有结构简单、工作可靠、容量大等特点，广泛应用于低压配电系统中。电路符号：QF。

图11-9　空气开关分类

空气开关接线方法：家用空气开关接线，上边进线，下边接出线。家庭用电一般都是220V的市电，是由火线和零线组成，可以通过电笔来区分零线火线。具体接线方法见表11-1。

<table>
<tr><td colspan="2" align="center">空气开关接线方法</td><td align="right">表 11-1</td></tr>
</table>

1P/ 空气开关，只需接单根的火线，单入单出，接线方法如下图：	2P/ 空气开关，需要接入火线和零线，两进两出，接线方法如下图：
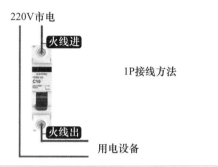	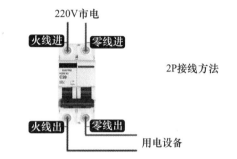
3P/ 空气开关，需要接入三根火线，三进三出，接线方法如下图：	4P/ 空气开关，需要接入三根火线，和一根零线，四进四三出，接线方法如下图：
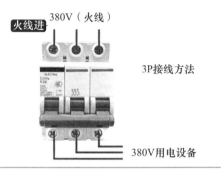	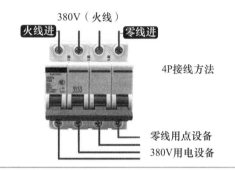

3. 热继电器

热继电器是一种实现对电机和电器设备的过载、缺相、欠压等多种保护功能的装置，如图 11-10 所示。热继电器可以根据电器设备的额定电流和保护需求进行选择和调整，以达到最佳的保护效果。电路符号：FR。

图 11-10　热继电器

热继电器安装要求：

（1）热继电器必须按产品使用说明书的规定进行安装。当它与其他电器装在一起时，应将其装在其他电器的下方，以免其动作特性受到其他电器发热的影响。热继电器的连接导线应符合规定要求。

（2）安装时，应清除触头表面等部位的尘垢，以免影响继电器的动作性能。

（3）运行前，应检查接线和螺钉是否牢固可靠，动作机构是否灵活、正常。还要检查其整定电流是否符合要求。

（4）若热继电器动作后必须对电动机和设备状况进行检查，为防止热继电器再次脱扣，一般采用手动复位；而对于易发生过载的场合，一般采用自动复位。对于点动、重载起动，连续正反转及反接制动运行的电动机，一般不宜使用热继电器。

（5）使用中，应定期清除污垢，对于双金属片上的锈斑可用布蘸汽油轻轻擦拭。每年应通电校验一次。

4. 漏电保护器

漏电保护器是一种用于保护人身安全的低压配电系统保护装置，能够及时检测和切断漏电电路，如图 11-11 所示。漏电保护器可以有效地预防漏电事故的发生，避免电击伤害以及电气火灾的发生。符号：RCD。

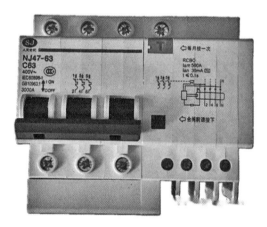

图 11-11　漏电保护器

漏电保护器安装注意事项：

（1）安装漏电保护器以后，被保护设备的金属外壳仍应进行可靠的保护接地。

（2）漏电保护器的安装位置应远离电磁场和有腐蚀性气体环境，并注意防潮、防尘、防震。

（3）安装时必须严格区分中性线和保护线，三极四线式或四极式漏电保护器的中性线应接入漏电保护器。经过漏电保护器的中性线不得作为保护线，不得重复接地或接设备的外露可导电部分；保护线不得接入漏电保护器。

（4）漏电保护器应垂直安装，倾斜度不得超过 5°。电源进线必须接在漏电保护器的上方，即标有"电源"的一端；出线应接在下方，即标有"负载"的一端。作为住宅漏电保护时，应装在进户电度表或总开关之后。如仅对某用电器具进行保护，则可安装在用电器本体上作电源开关。

（5）漏电保护器接线完毕投入使用前，应先做漏电保护动作试验，即按动漏电保护器上的试验按钮，漏电保护器应能瞬时跳闸切断电源。试验3次，确定漏电保护器工作稳定，才能投入使用。

5. 接触器

接触器是一种开关类电气装置，主要用于控制电机和其他高功率负载的开关和控制，如图11-12所示。接触器具有响应速度快、体积小、重量轻、控制容量大、操作可靠等特点，已广泛应用于低压配电系统中。符号：KM。

图 11-12　接触器

1）接触器安装前准备工作：

（1）在接触器安装前，应认真检查接触器的铭牌数据是否符合电路要求，线圈工作电压是否与电源工作电压相配合。

（2）接触器外观应良好，无机械损伤。活动部件应灵活，无卡滞现象。检查灭弧罩有无破裂、损伤。

（3）检查各极主触头的动作是否同步。触头动作应流畅、到位符合要求。用万用表检查接触器线圈有无断路、短路现象。用绝缘电阻表检测主触头间的相间绝缘电阻，一般应大于10MΩ。

2）接触器安装注意事项：

（1）安装时，接触器的底面应与地面垂直，倾斜度应小于5°。应注意留有适当的飞弧空间，以免烧损相邻电器。在确定安装位置时，还应考虑到日常检查和维修方便性。

（2）安装应牢固，接线应可靠，螺钉应加装弹簧垫和平垫圈，以防松脱和振动。灭弧罩应安装良好，不得在灭弧罩破损或无灭弧罩的情况下将接触器投入使用。

（3）安装完毕后，应检查有无零件或杂物掉落在接触器上或内部，检查接触器的接线是否正确，并应在不带负载的情况下检测接触器的性能是否合格。

（4）接触器的触头表面应经常保持清洁，不允许涂油。

（三）防雷接地系统安装（图11-13）

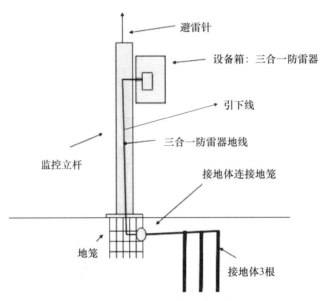

图 11-13　防雷接地系统示意图

防雷接地施工工艺流程：

1. 接地装置

利用建筑物筏板钢筋做接地体时，须用筏板或底板内 2 根以上主钢筋（直径不小于 B16）焊接贯通，相交处彼此焊接，并与所有经过的混凝土桩内两根主筋可靠焊接，如图 11-14 所示，在建筑变形缝处做煨弯补偿。采用独立基础作为接地装置时，引上线与底板内外周两根钢筋焊接构成环路。

基础接地时，为防止搭接出错，可以在筏板上做好焊接记号，如图 11-15 所示。结合图纸在电梯井、管井等需要预留接地点的地方预留镀锌扁铁，如图 11-16 所示。人工接地装置或利用建筑物基础钢筋的接地装置必须在地面以上按设计要求位置设测试点，如图 11-17 所示。

图 11-14 筏形基础钢筋焊接

图 11-15 做钢筋焊接记号

图 11-16 预留镀锌扁铁

图 11-17 接地装置测试点

2. 引下线

接地干线应与和接地体连接的钢筋相焊连。利用柱主筋（2 根 ≥ B16 或 4 根 ≥ B10 的对角主筋）做引下线时，将连接好的柱内主筋再用 B12 的圆钢跨接焊接起来，使其作为良好的防雷引线，焊接后应敲掉药皮，并且用油漆做好标记，如图 11-18 所示。钢筋逐层串联焊接至顶层女儿墙，将引下线的上端与避雷带接通，如图 11-19 所示。

图 11-18 柱主筋与圆钢焊接

图 11-19 引下线与避雷带连接

3. 均压环

均压环应采用长约 28cm 的圆钢将外围结构的两根主筋焊接成一体，如图 11-20 所示。主筋小于 Φ16mm 时应采用四根。按图纸设计要求，均压环与引下线可靠搭接焊。

图 11-20　均压环与主筋焊接

4. 接闪器

避雷带应平直、牢固，不应有高低起伏和弯曲现象，距离建筑物应一致，平直度每 2m 检查段允许偏差 3/1000。但全长不得超过 10mm；避雷网弯曲处不得小于 90°，弯曲半径不得小于圆钢直径的 10 倍；避雷网如用扁钢，截面面积不得小于 48mm²；如用圆钢，直径不得小于 8mm。

当设计无要求时，避雷带明敷时，支架高度 10～20cm，其各支点的间距均匀，应不大于 1m，转角处支点间距 0.3～0.5m。转角处两边的支架距转角中心 300mm，如图 11-21 所示。避雷带在变形缝处应做煨弯补偿，如图 11-22 所示。

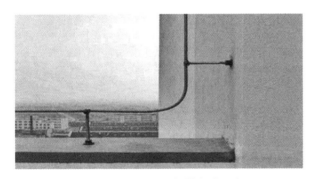

图 11-21　转角处支架与转角中心间距

图 11-22　变形缝处煨弯补偿

5. 屋面金属物防雷连接

屋面金属爬梯防雷连接，如图 11-23 所示。突出建筑物的裸露金属物都需做防雷连接，无法焊接的部位要有专用接地螺栓压线连接，如图 11-24 所示。

图 11-23　屋面金属爬梯防雷连接　图 11-24　裸露金属物防雷连接

6. 等电位连接

等电位联结线与各种金属管道（燃气管道除外）的连接：根据管道外径选择专用抱箍（材质应为镀锌扁钢或铜带），将抱箍套在管道上，通过相应规格的螺栓、螺母及弹簧垫圈与等电位联结线连接牢固，安装时要将抱箍与管道的接触表面刮拭干净。厚壁金属管道经设计允许也可采用焊接法。

等电位联结线与燃气管道的连接：为避免用燃气管道做接地极，燃气管入户后应插入一绝缘段（例如在法兰盘间插入绝缘板）与户外埋地的燃气管道隔离。防止雷电流在燃气管内产生火花，在此绝缘段两端应跨接火花放电间隙。

7. 接地干线

接地干线应与接地装置可靠连接，距地面 250～300mm，距墙面 10～20mm，扁形支撑件间距宜为 500mm，圆形导体支撑件间距宜为 1m，转弯部分为 0.3～0.5m，如图 11-25 所示。在明敷接地线表面，沿长度方向，涂以宽度 15～100mm 的黄色和绿色相间的油漆条纹，如图 11-26 所示。

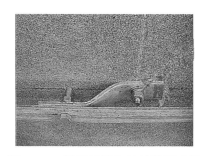

图 11-25　接地干线与接地装置连接　图 11-26　油漆条纹

（四）强、弱电工程设备、终端和相关部、器件的安装

1. 主要材料质量要求

1）电器、电料的规格、型号应符合设计要求及国家现行电器产品标准的有关规定。

（1）电源线：根据国家标准，单个电器支线、开关主线用标准 2.5mm² 线；空调插座用 4mm² 线。

（2）背景音乐线：标准 2×0.3mm² 线。

（3）环绕音响线：标准 100～300 芯无氧铜。

（4）视频线：标准 AV 影音同轴线。

（5）网络线：超五类 UTP 双绞线。

（6）有线电视线：75Ω 同轴电缆。

2）电器、电料的包装应完好，材料外观不应有破损，附件、备件应齐全。

3）塑料电线保护管及接线盒、各类信息面板必须是阻燃型产品，外观不应有破损及变形。

4）金属电线保护管及接线盒外观不应有折扁和裂缝，管内应无毛刺，管口应平整。

5）通信系统使用的终端盒、接线盒与配电系统的开关、插座，选用与各设备相匹配的产品。

2. 施工要点

（1）应根据用电设备位置，确定管线走向、标高及开关、插座的位置。电源插座间距不大于 3m，距门道不超过 1.5m，距地面 30cm（国际标准）。所有插座距地高度 30cm。开关安装距地 1.2～1.4m，距门框 0.15～0.2m。

（2）电源线配线时，所用导线截面面积应满足用电设备的最大输出功率。

（3）暗盒接线头留长 30cm，所有线路应贴上标签，并表明类型、规格、日期和工程负责人。

（4）穿线管与暗盒连接处，暗盒不许切割，须打开原有管孔，将穿线管穿出，穿线管在暗盒中保留 5mm。

（5）暗线敷设必须配管。同一回路电线应穿入同一根管内，但管内总根数不应超过 4 根。

（6）电源线与通信线不得穿入同一根管内。

（7）电源线及插座与电视线、网络线、音视频线及插座的水平间距不应小于

500mm。

（8）穿入配管导线的接头应设在接线盒内，接头搭接应牢固，绝缘带包缠应均匀紧密。

（9）连接开关、螺口灯具导线时，相线应先接开关，开关引出的相线应接在灯中心的端子上，零线应接在螺口的端子上。

（10）厨房、卫生间等有湿作业区域应安装防溅插座，开关宜安装在门外开启侧面的墙体上。

（11）线管均采取地面直接布管方式，如有特殊情况需要绕墙或走顶的话，必须事先在协议上注明不规范施工或填写《客户认可单》方可施工。

3. 施工步骤

1）确定点位

（1）点位确定的依据：根据布线设计图纸，结合墙上的点位示意图，用铅笔、直尺或墨斗将各点位处的暗盒位置标注出来。

（2）暗盒高度的确定：除特殊要求外，暗盒的高度与原强电插座一致，背景音乐调音开关的高度应与原强电开关的高度一致。若有多个暗盒在一起，暗盒之间的距离至少为 10mm。

2）开槽

（1）确定开槽路线，根据以下原则：

① 路线最短原则，横平竖直；

② 不破坏原有强电原则；

③ 不破坏防水原则；

④ 开槽结束后，清运垃圾，打扫施工现场。

（2）确定开槽宽度：根据信号线的多少确定 PVC 管的多少，进而确定槽的宽度。

（3）确定开槽深度：若选用 16mm 的 PVC 管，则开槽深度为 20mm；若选用 20mm 的 PVC 管，则开槽深度为 25mm。

（4）线槽外观要求：横平竖直，大小均匀，建议使用切割机对弹线进行切割再打槽。

（5）线槽的测量：暗盒、槽独立计算，所有线槽按开槽起点到线槽终点测量，线槽宽度如果放两根以上的管，应按两倍以上来计算长度。

3）布线

（1）确定线缆通畅：

① 网线、电话线的测试：分别做水晶头，用网络测试仪测试通断；

② 有线电视线、音视频线、音响线的测试：分别用万用表测试通断；

③ 其他线缆：用相应专业仪表测试通断。

（2）确定各点位用线长度：

① 测量出配线箱槽到各点位端的长度；

② 加上各点位及配线箱槽处的冗余线长度：各点位出口处线的长度为200～300mm。

（3）确定标签：将各类线缆按一定长度剪断后在线的两端分别贴上标签，并注明：弱电种类—房间—序号。

（4）确定管内线数：管内线的横截面积不得超过管横截面面积的80%。

4）封槽

（1）固定暗盒：除厨房、卫生间等有湿作业房间暗盒要凸出墙面20mm外，其他暗盒与墙面要求齐平。几个暗盒在一起时要求在同一水平线上。

（2）固定PVC管：

① 地面PVC管要求每间隔一米必须固定；

② 地面线槽PVC管要求每间隔两米必须固定；

③ 墙槽PVC管要求每间隔一米必须固定。

（3）封槽：封槽后的墙面、地面不得高于所在平面。

（4）清扫施工现场：封槽结束后，清运垃圾，打扫施工现场。

【小贴士】为避免各种线路的弯曲回路，保证所有线路均为"活线"，布线施工工艺为地面直接布管方式（无特殊情况不得走踢脚线或者天花板内，否则线路无法做成"活线"）。

（五）阀门、仪表及相关附件安装

1. 阀门安装

1）阀门安装前的检查

（1）仔细检查核对阀门型号、规格是否符合图纸要求。

（2）检查阀杆和阀瓣开启是否灵活，有无卡住和歪斜现象。

（3）检查阀门有无损坏，螺纹阀门的螺纹是否端正和完整无缺。

（4）检查阀座与阀体的结合是否牢固，阀瓣与阀座、阀盖和阀体，阀杆与阀瓣的联结。

（5）检查阀门垫料、填料及紧固件（螺栓）是否适合于工作介质性质的要求。

（6）对陈旧的或搁置较久的减压阀应拆卸，灰尘、砂粒等杂物须用水清洗干净。

（7）清除通口封盖，检查密封程度，阀瓣必须关闭严密。

2）阀门的压力试验

低压、中压和高压阀门要进行强度试验和严密性试验，合金钢阀门还应逐个对壳体进行光谱分析，复查材质。

（1）阀门的强度试验

阀门的强度试验是在阀门开启状态下试验，检查阀门外表面的渗漏情况。PN ≤ 32MPa 的阀门，其试验压力为公称压力的 1.5 倍，试验时间不少于 5min，以壳体、填料压盖处无渗漏为合格。

（2）阀门的严密性试验

在阀门完全关闭状态下进行试验，检查阀门密封面是否有渗漏，其试验压力，除蝶阀、止回阀、底阀、节流阀外的阀门，一般应以公称压力进行，在能够确定工作压力时，也可用 1.25 倍的工作压力进行试验，以阀瓣密封面不漏为合格。

3）阀门安装要求

（1）阀门安装的位置不应妨碍设备、管道及阀体本身的拆装维修和操作，安装高度应方便操作、维修。

（2）水平管道上的阀门，阀杆朝上安装，或倾斜一定角度安装，不可手轮向下安装。高空管道上的阀门、阀杆和手轮可水平安装，用垂向低处的链条远距离操纵阀的启闭。

（3）排列对称，整齐美观；立管上的阀门，在工艺允许的前提下，阀门手轮以齐胸高最适宜操作，一般以距地面 1.0~1.2m 为宜，且阀杆必须顺着操作者方向安装。

（4）并排立管上的阀门，其中心线标高最好一致，且手轮之间净距不小于 100mm；并排水平管道上的阀门应错开安装，以减小管道间距。

（5）在水泵、换热器等设备上安装较重的阀门时，应设阀门支架；在操作频繁且又安装在距操作面 1.8m 以上的阀门时，应设固定的操作平台。

（6）阀门的阀体上有箭头标志的，箭头的指向即为介质的流动方向。安装阀门时，应注意使箭头指向与管道内介质流向相同。

（7）安装法兰阀门时，应保证两法兰端面互相平行和同心，不得使用双垫片。

（8）安装螺纹阀门时，为便于拆卸，一个螺纹阀门应配用一个活接。活接的设置应考虑检修的方便，通常是水流先经阀门后流经活接。

4）阀门安装注意事项

（1）阀门的阀体材料多用铸铁制作，性脆，故不得受重物撞击。

（2）搬运阀门时，不允许随手抛掷；吊运、吊装阀门时，绳索应系在阀体上，严禁拴在手轮、阀杆及法兰螺栓孔上。

（3）阀门应安装在操作、维护和检修最方便的地方，严禁埋于地下。直埋和地沟内管道上的阀门，应设检查井室，以便阀门的启闭和调节。

（4）应保证螺纹完整无损，并在螺纹上缠麻、抹铅油或缠上聚四氟乙烯生料带，旋扣时，需用扳手卡住拧入管子一端的六角阀体。

（5）安装法兰阀门时，注意沿对角线方向拧紧连接螺栓，拧动时用力要均匀，以防垫片跑偏或引起阀体变形与损坏。

（6）阀门在安装时应保持关闭状态。对靠墙较近的螺纹阀门，安装时常需要卸去阀杆阀瓣和手轮，才能拧转。在拆卸时应在拧动手轮使阀门保持开启状态后，再进行拆卸。

2. 仪表安装

1）仪表校验与调整

（1）仪表安装前应进行外观检查、性能校验和调整。仪表设备应外观良好附件齐全、铭牌及实物的型号、规格材质、测量范围、刻度等应符合设计要求，合格证及说明书齐全。

（2）仪表调校人员应熟悉使用说明书、并准备必要的校验仪器和工具。

（3）校验用的标准仪器，应具有有效的检定合格证，其基本误差的绝对值不应超过被校仪表基本误差绝对值的1/3。

（4）仪表调校后应符合相应要求：基本误差不应超过该仪表精度等级的允许误差；变差不应超过该仪表精度等级的允许误差；仪表零位正确，偏移值不超过允许误差的1/2；指针在整个行程中应无抖动、摩擦和跳动现象；电位器和可调螺丝等，可调装置在调校后仍应留有余地。

（5）仪表校验合格后，及时填实校验记录，数据真实，字迹清晰，并注明校验人姓名和日期。

2）仪表设备安装要求

（1）仪表安装前应按照设计图纸对其型号，规格及材质进行核对。仪表所带附件应齐全，外观应完好无损，并且有出厂合格证书。

（2）仪表安装前均应进行单体调校和试验。

（3）现场就地仪表安装高度，由表中心距地面宜为1.2m。显示仪表应安装在便于观察和维护的位置。

（4）仪表应安装在不受机械振动并远离磁场和高温管线及设备的场所，同时应避免腐蚀介质的侵蚀。

（5）安装仪表时，仪表不应受敲击及振动，安装应牢固端正，并不能承受配管或其他任何外力。

（6）温度仪表安装：热电偶应安装在被测介质流动平稳，并能准确反映介质温度的位置。补偿导线与热电偶型号一致，套管要清除干净后方可安装。

（7）压力仪表安装：安装在高压设备和管道上的压力仪表，如在操作岗位附近，安装高度宜距地面1.8m以上，否则应在仪表正面加保护罩。压力仪表不宜安装在振动较大的设备和管线上，如被测介质温度较高、压力较大时，压力仪表前应加缓冲和冷凝措施。

（8）盘、箱、柜安装：仪表盘（箱）的安装位置，应选在光线充足、通风良好，操作维修方便的地方，安装在有振动影响的地方时，应采取减振措施。安装前应做检查，型号、规格符合设计规定。

（9）仪表系统试验：仪表系统试验应配合车间共同完成，现场信号发送和接收应无误，并及时完成记录。

第十二章 质量验收

第一节 质量检查

（一）电气线管穿线质量检查

1. 质量检查内容和方法

1）主控项目

（1）三相或单相交流单芯电缆，不得单独穿于钢导管内。

（2）不同回路、不同电压等级交流与直流的电线，不能穿于同一导管内，如图 12-1 所示。同一交流回路的电线，应穿于同一金属导管内，管内电线不能有接头。

图 12-1 不同回路、不同等级不应穿同一导管

检验方法：观察、实测或检查绝缘摇测记录。

2）一般项目

（1）盒内穿线：盒、箱内清洁无杂物、护口，护线套管齐全无脱落，导线排列整齐，留有适当的裕量。导线在管内无接头，不进入盒、箱的垂直管子上口穿线后密封良好，导线连接牢固，不伤线芯，搪锡饱满，包扎严密，绝缘良好，如图 12-2 所示。

检验方法：观察、尺量检查或检查安装记录。

（2）采用多相供电时，同一建筑物、构筑物的电线绝缘层颜色选择要保持一致，即保护地线（PE）应是黄绿相间色，零线用淡蓝色，相线用：A 相—黄色，B 相—绿色，C 相—红色。

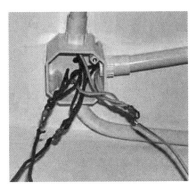

图 12-2 搪锡饱满

检验方法：观察尺量检查或检查安装记录。

3）成品保护

（1）穿线时不得污染设备和建筑物品，应保持周围环境清洁。

（2）使用高凳及其他工具时，应注意不得碰坏其他设备和门窗、墙面、地面等。

（3）在接线、涮锡、绝缘包扎全部完成后，应将导线的接头盘入盒、箱内，并用纸封堵严实，以防污染。同时应防止盒、箱内进水。穿线时不得遗漏带护线套管或护口。

2. 质量检查注意事项

1）质量问题注意事项

（1）施工中存在护口遗漏、脱落、破损及与管径不符等现象。因操作不慎而使护口遗漏或脱落者应及时补齐，护口破损与管径不符者应及时更换。

（2）铜导线连接时，导线的缠绕圈不足 5 圈，未按工艺要求连接的接头均应拆除重新连接。

（3）导线连接处的焊锡不饱满，出现虚焊、夹渣等现象。焊锡的温度要适当，涮锡要均匀。涮锡后应用布条及时擦去多余的焊剂，保持接头部分的洁净。

（4）导线线芯受损是由于用力过猛和剥线钳使用不当造成的，削线应根据线径选用刀口合适的剥线钳。

（5）多股软铜线涮锡遗漏，应及时补焊锡。

（6）接头部分包扎不平整、不严密，应按工艺要求重新进行包扎。

（7）套管压接后，压模不配套或深度不够，应选用合格的压模进行压按。

（8）线路的绝缘电阻值偏低，管路内可能进水或者绝缘层受损都将造成线路的绝缘值偏低，应将管路中的泥水及时清净或更换导线。

2）安全问题注意事项

（1）扫管穿带线时要防止钢丝的弹力伤人；两人穿线时应协调一致。一拉一送要有节奏地进行，不要用力过猛，以免伤手，脸部不要对准管口，防止污物、污水溅到脸上。

（2）验收中使用的梯子应牢固，下端应有防滑措施，梯子不得缺档，不得垫高使用。在通道处使用梯子应有人监护或设置围栏。单面梯子与地面夹角以 60°～70° 为宜，人字梯要在距梯脚 40～60cm 处设拉绳，不应站在梯子最上层工作。

（3）进入施工现场按要求戴好质量合格的安全帽，系好安全帽带。严禁赤脚或穿拖鞋、硬底或带钉易滑的鞋进入现场。严禁酒后或带病工作。

（4）登高作业系好经拉力试验合格的安全带，检查爬高设备的牢固性，并设置地面保护人员。

（二）配电系统保护装置安装质量检查

1. 质量检查内容

1）安装前的包装及密封良好（图 12-3），设备和部件的型号、规格、柜体尺寸符合设计要求，备件的供应范围和数量符合合同要求，柜体应有便于起吊的吊环。

图 12-3　带包装的配电装置　　图 12-4　配电柜内保护电气及元部件

2）柜内保护电气及元部件、绝缘瓷瓶齐全，无损伤和裂纹等缺陷，接地符合有关技术要求，部件安装牢固、间距规范，如图 12-4 所示。

3）柜内设备的布置安全合理，保证开关柜检修方便，柜内设备与盘面保持安全距离，如图 12-5 所示。

4）配电装置应有机械、电气防误操作的连锁装置，机械连锁装置不允许采用钢丝，如图 12-6 所示。

5）配电装置内母线应按现行国家标准要求标明相序色，并且相序排列一致，如图 12-7 所示。

图 12-5　配电柜柜内设备的布置安全合理

图 12-6　机械、电气防误
操作的连锁装置

6）技术文件齐全，所有的电气设备和元件均应有合格证，关键部件应有产品制造许可证的复印件，其证号应清晰，如图 12-8 所示。

图 12-7　配电装置内母线

图 12-8　产品认证证书

2. 质量检查注意事项

1）验收前将需要验收的设备控制、保护等功能全面了解。将所需要的验收工具和防护工器具准备好。需要防范的部位，防护的措施考虑周全。

2）在验收工作中，工作人员应明确工作任务、工作范围、安全措施、带电部位等安全注意事项。验收负责人必须始终留在工作现场，对工作人员的安全认真监护，随时提醒工作人员注意安全，指定专人监护。监护人应认真负责、精力集中，随时提醒工作人员应注意的事项，以防止可能发生的意外事故。

3）变配电室高压保护设备验收时，必须按规定穿戴好绝缘靴及绝缘手套，并使用安全防护用具。切断电源后用验电器测检修设备（验电器在测试前应验明是否可靠），确认无电后，合上接地开关方可进行检修工作。

（三）防雷接地系统质量检查

1. 防雷引下线及接闪器安装质量检查

1）主控项目

（1）防雷引下线的布置、安装数量和连接方式应符合设计要求。

检查数量：明敷的引下线全数检查，利用建筑结构内钢筋敷设的引下线或抹灰层内的引下线按总数量各抽查5%，且均不得少于2处。

检查方法：明敷的观察检查，暗敷的施工中观察检查并查阅隐蔽工程检查记录。

（2）接闪器的布置、规格及数量应符合设计要求。

检查数量：全数检查。

检查方法：观察、测量等方法，并于设计要求文件校验。

（3）接闪器与防雷引下线必须采用焊接或卡接器连接，防雷引下线与接地装置必须采用焊接或螺栓连接。

检查数量：全数检查。

检查方法：观察检查，并采用专用工具拧紧检查。

（4）当利用建筑物金属屋面或屋顶上旗杆、栏杆、装饰物、铁塔、女儿墙上的盖板等永久性金属物做接闪器时，其材质及截面应符合设计要求，建筑物金属屋面板间的连接、永久性金属物各部件之间的连接应可靠、持久。

检查数量：全数检查。

检查方法：观察检查，核查材质产品质量证明文件和材料进场验收记录，并核对设计文件。

2）一般项目

（1）暗敷在建筑物抹灰层内的引下线应有卡钉分段固定；明敷的引下线应平直、无急弯，并应设置专用支架固定，引下线焊接处应刷油漆防腐且无遗漏。

检查数量：抽查引下线总数的10%，且不得少于2处。

检查方法：明敷的观察检查，暗敷的施工中观察检查并查阅隐蔽工程检查记录。

（2）设计要求接地的幕墙金属框架和建筑物的金属门窗，应就近与防雷引下线连接可靠，连接处不同金属间应采取防电化学腐蚀措施。

检查数量：按接地点总数抽查10%，且不得少于1处。

检查方法：施工中观察检查并查阅隐蔽工程检查记录。

（3）接闪杆、接闪线或接闪带安装位置应正确，安装方式应符合设计要求，焊接固定的焊缝应饱满无遗漏，螺栓固定的防松零件应齐全，焊接连接处应防腐完好。

检查数量：全数检查。

检查方法：观察检查。

（4）防雷引下线、接闪线、接闪网和接闪带的焊接连接搭接长度及要求应符合规范要求。

检查数量：全数检查。

检查方法：观察检查并用尺量检查，查阅隐蔽工程检查记录。

（5）接闪带或接闪网在跨接建筑物变形缝处时应有补偿措施。

检查数量：全数检查。

检查方法：观察检查。

2. 建筑物等电位联结

1）主控项目

（1）建筑物等电位联结的范围、形式、方法、部位及联结导体的材料和截面面积应符合设计要求。

检查数量：全数检查。

检查方法：施工中核对设计文件观察检查并查阅隐蔽工程检查录，核查产品质量证明文件、材料进场验收记录。

（2）需做等电位联结的外露可导电部分或外界可导电部分的连接应可靠。

检查数量：按总数抽查10%，且不得少于1处。

检查方法：观察检查。

2）一般项目

（1）需做等电位联结的卫生间内金属部件或零件的外界可导电部分，应设置专用接线螺栓与等电位联结导体连接，并应设置标识；连接处螺母应紧固、防松零件应齐全。

检查数量：按连接点总数抽查10%，且不得少于1处。

检查方法：观察检查和手感检查。

（2）当等电位联结导体在地下暗敷时，其导体间的连接不得采用螺栓压接。

检查数量：全数检查。

检查方法：施工中观察检查并查阅隐蔽工程检查记录。

（四）强、弱电工程设备、终端和相关部、器件安装质量检查

1. 强电工程

1）中心变配电室、电梯机房、分布在各层的配电箱、电表箱质量检查要求

（1）配电柜、屏、箱安装垂直度允许偏差为1.5‰，相互间接缝不应大于2mm，

成列盘面偏差不应大于 5mm。金属框架及基础型钢必须接地（PE）可靠；配电柜、屏、箱门和框架应做电气连接，且有标识。

（2）柜、屏、箱内的控制开关及保护装置的规格、型号应符合设计要求；闭锁装置动作准确、可靠；主开关的辅助开关切换动作与主开关动作一致；柜、屏、箱上的标识器件标明被控设备编号及名称或操作位置，接线端子有编号且清晰、工整、不易脱色。信号灯、按钮、光字牌、电铃、电笛、事故电钟等动作和信号显示准确。端子排安装牢固，端子有序号，强电、弱电端子要隔离布置，端子规格与芯线截面面积大小适配。照明箱体开孔与导管管径适配，暗装配电箱箱盖紧贴墙面，箱（盘）涂层完整。箱（盘）内接线整齐，回路编号齐全，标识正确。

（3）变压器室、高低开关室内的接地干线应有不少于 2 处接地装置引出与接地干线连接。

2）施工现场电气工程中的防雷及接地系统质量检查要求

（1）建筑物等电位联结干线应与接地装置有不少于 2 处直接连接，从接地干线或总等电位箱引出，等电位联结干线或局部等电位箱间的连接线形成环形网络，环形网络应就近与等电位联结干线或局部等电位箱连接。支线不应串联连接。

（2）配电间接地干线，当沿建筑物墙壁水平敷设时，距地面高度 250～300mm；与建筑物墙壁间的间隙 10～15mm。电气竖井内接地干线与建筑物墙壁间的间隙 10～15mm。当接地线跨越建筑物变形缝时，应设补偿装置；变压器室、高压配电室的接地干线上应设置不少于 2 个供临时接地用的接线柱或接地螺栓。

（3）建筑物顶部的避雷针、避雷带等必须与顶部外露的其他金属物体连成一个整体的电气通路，且与避雷引下线连接可靠。避雷针、避雷带应位置正确，焊接处的焊缝饱满无遗漏，螺栓固定的应有备帽等防松零件齐全，焊接部分补刷的防腐油漆完整。避雷带应平正顺直，固定点支架件间距均匀、固定可靠。

3）电气线路敷设质量检查要求

（1）电气安装工程预理配管。必须按图纸要求检查管线设置是否到位，所有管线、管径不可随意改动。管子的弯曲处不得有折、皱、裂缝等现象，弯扁度不得大于线管外径的 10%，线管曲率半径必须符合有关规范规定。线管连接处如选用 PVC 管必须采用套管插入法连接，连接处的结合面应用专用胶合剂，选用钢管可采用丝扣或套管焊接均可，镀锌钢管严禁焊接。管子进入接线盒、过路盒（箱）必须顺直。

（2）如选用 PVC 管应用锁紧帽加以固定，选用钢管应检查是否有跨接，跨接焊缝是否符合规定，入盒处可采用点焊方式进行固定。暗装接线盒、过路盒（箱）都应采用防堵措施。

（3）室外埋地敷设的电缆导管，埋深不应小于 0.7m。管壁壁厚小于或等于 2mm 的钢电线导管不应埋设于室外土壤内。

（4）桥架安装：金属电缆桥架及其支架全长应不少于 2 处与接地干线相连接，非镀锌电缆桥架间连接板的两端跨接铜芯地线，接地线最小允许截面面积不小于 4mm²。镀锌电缆桥架间连接板的两端不跨接接地线，但连接板两端不少于 2 个有防松螺母或防松垫圈的连接固定螺栓。直线段钢制电缆架长度超过 30m、铝合金或玻璃钢制电缆桥架长度超过 15m 应设伸缩节。电缆桥架跨越建筑物变形缝处设置补偿装置。电缆桥架水平安装的支架间距为 1.5～3m；垂直安装的支架间距不大于 2m。敷设在竖井内和穿越不同防火区的桥架，按设计要求位置，应有防火隔堵措施。

4）线缆敷设质量检查要求

（1）电缆出入电缆沟、竖井、建筑物、柜（盘）台处以及管子管口处等应做密封处理。电缆沟内电缆敷设应排列整齐，水平敷设的电缆，首尾两端、转弯两侧及每隔 5～10m 处设固定点。敷设于垂直桥架内的电缆固定点间距为 1m。电缆的首端、末端和分支处应设标志牌。敷设电缆的电缆沟和竖井，应有防火封堵措施。

（2）电缆穿管前，应清除管内杂物和积水。管口应有保护措施，不入接电盒（箱）的垂直管口穿入电缆后，管口应密封。

（3）导线敷设：如采用多相供电时，同一建筑物、构筑物的电线绝缘层颜色选择应一致，即保护地线（PE 线）应是黄绿双色线，零线用淡蓝色；相线用：A 相—黄色、B 相—绿色、C 相—红色。电线在线槽内有一定的余量，不得有接头。电线按回路编号分段绑扎，绑扎点间距不应大于 2m。同一回路的相线和零线，敷设于同一金属线槽内或管内。弱电与强电的电线严禁敷设于同一线槽内或管内。

2. 弱电工程

1）消防报警系统中的点型探测器、火灾报警控制器安装质量检查要求

（1）探测器至墙边、梁边、照明灯具、顶部风口边的水平距离不小于 0.5m，水平距离 0.5m 内无遮挡物。在宽度小于 3m 的内走道顶棚上安装探测器，应居中安装。点型感温探测器安装间距不大于 10m，感烟探测器安装间距不大于 15m。

（2）火灾报警控制器在墙上安装时距地面宜为 1.3～1.5m，其靠近门轴的侧面距离不小于 0.5m，正面操作距离不小于 1.2m。控制器应安装牢固，不应倾斜，安装在轻质墙上时应采取加固措施。

（3）控制器的主电源应有明显的永久性标志，并应直接与消防电源连接，控制器与外接备用电源连接，严禁使用电源插头。

（4）单相供电额定功率大于 30kW、三相供电额定功率大于 120kW 的消防设备应安装独立的消防应急电源。交流供电和 36V 以上直流供电的消防用电设备的金属外壳应有接地保护，接地线应与电气保护地线干线相连。

（5）消防线路施工完成后应做绝缘测试，绝缘值应大于 20MΩ。

（6）在同一工程中的导线，应根据不同用途选用不同颜色加以区分，相同用途导线颜色一致。电源线正极为红色，负极为蓝色或黑色。

2）综合布线检查要求

（1）工程所用缆线和器材的品牌、型号、规格、数量、质量应在施工前进行检查，应符合设计要求并具备相应的质量文件或证书，原出厂检验证明材料、质量文件或与设计不符者不得在工程中使用。

（2）各种型材的材质、规格、型号应符合设计文件的规定，表面应光滑、平整，不得变形、断裂。

（3）金属线槽、过线盒、接线盒及桥架等表面涂覆或镀层应均匀、完整，不得变形、损坏。金属管槽应根据工程环境要求做镀锌或其他防腐处理。

（4）室内管材采用金属管或塑料管时，其管身应光滑、无伤痕，管孔无变形，孔径、壁厚应符合设计要求。塑料管槽必须采用阻燃管槽，外壁应具有阻燃标记。

（5）使用的电缆和光缆型式、规格及缆线的防火等级应符合设计要求。两端的光纤连接器件端面应装配合适的保护盖帽。光纤类型应符合设计要求，并应有明显的标记。

（6）连接器件：配线模块、信息插座模块及其他连接器件的部件应完整，电气和机械性能等指标符合相应产品生产的质量标准。塑料材质应具有阻燃性能，并应满足设计要求。信号线路浪涌保护器各项指标应符合有关规定。光纤连接器件及适配器使用型式和数量、位置应与设计相符。

（7）光、电缆配线设备的型式、规格应符合设计要求。光、电缆配线设备的编排及标志名称应与设计相符。各类标志名称应统一，标志位置正确、清晰。

（8）综合布线系统的测试仪表应能测试相应类别工程的各种电气性能及传输特性，其精度符合相应要求。测试仪表的精度应按相应的鉴定规程和校准方法进行定期检查和校准，经过相应计量部门校验取得合格证后，方可在有效期内使用。

（9）桥架及线槽的安装位置应符合施工图要求，左右偏差不应超过50mm。桥架及线槽水平度每米偏差不应超过2mm。垂直桥架及线槽应与地面保持垂直，垂直度偏差不应超过3mm。线槽截断处及两线槽拼接处应平滑、无毛刺。吊架和支架安装应保持垂直，整齐牢固，无歪斜现象。金属桥架、线槽及金属管各段之间应保持连接良好，安装牢固。

（10）采用吊顶支撑柱布放缆线时，支撑点宜避开地面沟槽和线槽位置，支撑应牢固。安装机柜、机架、配线设备屏蔽层及金属管、线槽、桥架使用的接地体应符合设计要求，就近接地，并保持良好的电气连接。

（11）缆线应有余量以适应终接、检测和变更。对绞电缆预留长度：在工作区宜为3～6cm，电信间宜为0.5～2m，设备间宜为3～5m；光缆布放路由宜盘留，预留长度宜为 3～5m，有特殊要求的应按设计要求预留长度。非屏蔽 4 对对绞电缆的弯曲半径应至少为电缆外径的 4 倍。屏蔽 4 对对绞电缆的弯曲半径应至少为电缆外径的 8 倍。主干对绞电缆的弯曲半径应至少为电缆外径的 10 倍。2 芯或 4 芯水平光缆的弯曲半径应大于 25mm；其他芯数的水平光缆、主干光缆和室外光缆的弯曲半径应至少为光缆外径的 10 倍。

（12）楼内光缆在桥架敞开敷设时应在绑扎固定段加装垫套。采用吊顶支撑柱作为线槽在顶棚内敷设缆线时，每根支撑柱所辖范围内的缆线可以不设置密封线槽进行布放，但应分束绑扎，缆线应阻燃，缆线选用应符合设计要求。

（13）在建筑物中预埋线槽，宜按单层设置，每一路由进出同一过路盒的预埋线槽均不应超过 3 根，线槽截面高度不宜超过 25mm，总宽度不宜超过 300mm。线槽路由中包括过线盒和出线盒，截面高度宜在 70～100mm 范围内。线槽直埋长度超过 30m 或在线槽路由交叉、转弯时，应设置过线盒。过线盒盖能开启，并与地面齐平，盒盖处应具有防灰与防水功能。过线盒和接线盒盒盖应能抗压。

（14）预埋在墙体中间暗管的最大管外径不宜超过 50mm，楼板中暗管的最大管外径不宜超过 25mm，室外管道进入建筑物的最大管外径不宜超过 100mm。直线布管每 30m 处应设置过线盒装置。暗管的转弯角度应大于 90°，在路径上每根暗管的转弯角不得多于 2 个，并不应有 S 弯出现，有转弯的管段长度超过 20m 时，应设置管线过线盒装置。有 2 个弯时，不超过 15m 应设置过线盒。暗管管口应光滑，并加有护口保护，管口伸出部位宜为 25～50mm。金属管明敷时，在距接线盒 300mm 处，弯头处的两端，每隔 0.3m 处应采用管卡固定。管路转弯的曲半径不应小于所穿入缆线的最小允许弯曲半径，并且不应小于该管外径的 6 倍，如暗管外径大于 50mm 时，不应小于 10 倍。

（五）阀门、仪表及相关附件安装质量检查

1. 阀门及相关附件安装质量检查内容

（1）检查施工使用的主要材料、设备及制品是否具有符合国家或现行行业标准的技术质量鉴定文件或产品合格证。

（2）阀门安装前是否按规定进行必要的质量检验。

（3）安装阀门的规格、型号是否符合设计要求。例如阀门的公称压力小于系统试验压力；给水支管当管径小于或等于 50mm 时采用闸阀；热水供暖的干、立管采用截止阀；消防水泵吸水管采用蝶阀。

（4）检查阀门安装方法是否正确。例如截止阀或止回阀水（汽）流向与标志相反，阀杆朝下安装，水平安装的止回阀采取垂直安装，明杆闸阀或蝶阀手柄没有开、闭空

间，暗装阀门的阀杆不朝向检查门。

（5）蝶阀法兰盘安装不得用普通阀门法兰盘代替。蝶阀法兰盘与普通阀门法兰盘尺寸大小不一，有的法兰内径小，而蝶阀的阀瓣大，造成打不开或硬性打开而使阀门损坏。

2. 仪表及相关附件安装质量检查内容

1）主控项目

（1）仪表安装后应牢固、平正。仪表与设备、管道或构件的连接及固定部位是否受力均匀，不应承受非正常的外力。

检验方法：观察检查。

（2）设计文件规定需要脱脂的仪表，应经脱脂检查合格后安装。

检验方法：核对设计文件，检查脱脂记录。

（3）直接安装在设备或管道上的仪表在安装完毕后，应随同设备或管道系统进行压力试验。

检验方法：检查施工和压力试验记录。

2）一般项目

在设备和管道上安装的仪表应按设计文件确定的位置安装。

检验方法：核对设计文件。

（六）施工日志内容编写质量检查

检查施工日志内容编写是否包含以下几个方面：

（1）基本信息：包括工程名称、工程部位、施工单位、监理单位、设计单位等基本概况。

（2）施工计划：明确施工进度计划、施工任务、施工人员、施工机械设备等。

（3）施工过程：详细记录施工过程中的天气状况、施工方法、施工技术、施工质量、施工安全等相关内容。

（4）质量检测：记录施工过程中的质量检测数据、试验结果、验收情况等，包括原材料、半成品和成品的质量检测。

（5）安全文明施工：记录施工过程中的安全措施、文明施工情况、环保措施等。

（6）施工问题及整改：记录施工过程中出现的问题、故障、隐患等以及采取的整改措施和整改结果。

（7）设计变更：记录施工过程中发生的设计变更原因、变更内容、变更日期等。

（8）施工验收：记录施工项目各阶段的验收情况，包括隐蔽工程验收、分部工程验收、单位工程验收等。

（9）竣工资料：记录施工项目竣工后的相关资料，如竣工报告、验收报告、质量保证书等。

（10）施工经验总结：对施工过程中积累的经验和教训进行总结，包括施工技巧、管理经验、安全注意事项等。

第二节 质量问题处理

（一）电气线管无法穿电线问题处理

电气线管无法穿电线的问题在施工中较为常见，处理方法如下：

（1）检查线管质量：检查线管及其附件的质量，确保符合相关标准。发现问题及时更换，避免使用不合格的产品。

（2）清理线管：在穿线前，对线管进行清理，去除管内的灰尘、油污等杂物，确保线管内部干净。

（3）选用合适的穿线工具：根据线管的材质和直径选用，如穿线器、手动穿线钳等。

（4）线头处理：确保线头的处理干净、整齐，避免线头过长或过短，以便穿线。

（5）沿线推进：在穿线过程中，一人手持线管，一人操作穿线工具，相互配合，沿线推进。遇到阻力较大时，可适当调整穿线角度和力度。

（6）防止线管损伤：在穿线过程中，注意避免线管受到过度拉伸、弯曲或损坏。如发现线管有破损、裂纹等情况，应及时更换。

（7）检查穿线效果：穿线完成后，检查线管内电线是否整齐、紧密，避免出现交叉、缠绕等现象。

（8）固定线管：在施工过程中，对线管进行固定，避免线管因振动、挤压等原因导致电线脱落。

（9）及时整改：如发现穿线过程中出现的问题，如线管堵塞、电线破损等，要及时进行整改，确保施工质量。

（10）做好防护措施：在穿线完成后，对线管进行防护，避免在后续施工过程中受到损坏。

（二）配电系统保护装置失效问题整改

配电系统保护装置失效问题整改方法如下：

（1）检查保护装置：对失效的保护装置进行检查，确定故障原因。检查保护装置的外观、接线、参数设置等方面，找出问题所在。

（2）更换损坏元件：如果保护装置损坏，需要及时更换相应的元件。在更换过程中，确保新元件的质量可靠，并按照规范进行接线。

（3）调整参数设置：检查保护装置的参数设置，确保设置合理。对于错误的参数，应按照设计要求进行调整。

（4）管理故障部位：对故障部位进行清理，去除灰尘、油污等杂物，确保设备清洁。

（5）检查线路连接：检查配电系统中的线路连接，确保连接可靠。对于松动、损坏的连接部位，应进行修复或更换。

（6）检查电源电压：检查电源电压是否正常，如发现电压不稳定，应采取相应措施进行调整。

（7）检查负载情况：了解负载情况，确保负载在允许范围内。过载可能导致保护装置失效，需注意调整负载。

（8）检查设备运行状态：观察设备运行状态，如发现异常，应及时处理。确保设备在正常运行状态下，可以降低保护装置失效的风险。

（9）加强维护保养：定期对配电系统及保护装置进行维护保养，确保设备性能良好。维护保养内容包括清洁、润滑、检查线路连接等。

（三）防雷接地系统未连接问题处理

防雷接地系统未连接问题处理方法如下：

（1）检查接地装置：首先对防雷接地系统的接地装置进行检查，确认是否存在遗漏或不合适的接地装置。

（2）补充接地装置：针对未连接的接地装置，根据设计要求补充相应的接地装置，确保防雷接地系统的完整性。

（3）连接接地线：对于已安装的接地装置，检查接地线是否完整、连接是否牢固。如发现断开或松动，应及时重新连接并确保连接牢固。

（4）检查建筑物内部接地线：对接地系统内的建筑物内部接地线进行检查，确保建筑物内部接地线连接到室外接地装置的正确性。

（5）提高接地电阻：对于接地电阻不符合要求的接地装置，可通过增加接地极、扩大接地网等方式提高接地电阻。

（6）检查接地连接处：对接地线与接地装置、接地线与建筑物内部接地线连接处进行检查，确保连接处的焊接质量。如有问题，应及时进行修复或重新焊接。

（7）检查保护装置：确保防雷接地系统中的保护装置（如避雷针、避雷线等）安装正确、连接牢固。

（8）整改不符合规范的部分：根据国家规范和设计要求，对不符合规范的部分进行整改，确保防雷接地系统的合规性。

（9）加强维护与管理：对接地系统进行定期检查、维护，确保接地系统的稳定运行。同时，加强对接地系统的管理水平，增强操作人员的技能和意识。

（四）强、弱电工程设备、终端和相关部、器件安装不牢固问题整改

对于强、弱电工程设备、终端和相关部、器件安装不牢固的问题，可以采取以下整改措施：

（1）检查设备安装基座：检查设备安装基座是否稳固，对于不稳固的基座，应重新安装或采取加固措施。

（2）紧固设备连接部件：对设备之间的连接部件进行紧固，确保连接牢固可靠。对于松动的连接部件，应重新连接并确保紧固。

（3）加强支撑结构：对于设备支撑结构不足或损坏的情况，应进行修复或更换，确保设备在稳固的支撑结构上安装。

（4）提高安装质量：在安装过程中，遵循安装规范要求，确保设备、终端和相关部、器件的安装质量。

（5）检查电缆固定：对接电缆进行固定，确保电缆在敷设过程中不受力过大，避免导致设备、终端和相关部、器件的安装不牢固。

（6）定期检查维护：在工程完成后，定期对设备、终端和相关部、器件进行检查和维护，及时发现并处理安装不牢固的问题。

（五）阀门、仪表及相关附件安装紧固度不够、渗漏等问题整改

针对阀门、仪表及相关附件安装紧固度不够、渗漏等问题，可以采取以下整改措施：

（1）检查阀门、仪表及附件的质量和性能：确保采购的阀门、仪表及附件质量合格，性能稳定。不合格的产品应及时更换。

（2）严格按照安装说明书进行安装：在安装过程中，遵循产品说明书的要求，确保安装正确无误。

（3）提高安装紧固度：在安装过程中，确保螺栓、螺母等紧固件的紧固力度符合要求，防止松动。

（4）采用防渗漏措施：在阀门、仪表及附件的连接处采用防渗漏措施，如涂抹密封胶、安装密封垫等。

（5）检查阀门的开关状态：确保阀门的开关状态正确，防止因阀门关闭不严导致渗漏。

（6）定期检查和维护：在工程完成后，定期对阀门、仪表及相关附件进行检查和维护，及时发现并处理渗漏等问题。

参 考 文 献

［1］中华人民共和国住房和城乡建设部. 施工脚手架通用规范：GB 55023—2022［S］. 北京：中国建筑工业出版社，2022.

［2］中华人民共和国住房和城乡建设部. 消防设施通用规范：GB 55036—2022［S］. 北京：中国计划出版社，2022.

［3］中华人民共和国住房和城乡建设部. 工程测量通用规范：GB 55018—2021［S］. 北京：中国建筑工业出版社，2022.

［4］中华人民共和国住房和城乡建设部. 建筑给水排水与节水通用规范：GB 55020—2021［S］. 北京：中国建筑工业出版社，2022.

［5］中华人民共和国住房和城乡建设部. 建筑电气与智能化通用规范：GB 55024—2022［S］. 北京：中国建筑工业出版社，2022.

［6］中华人民共和国住房和城乡建设部. 建筑工程施工质量验收统一标准：GB 50300—2013［S］. 北京：中国建筑工业出版社，2014.

［7］中华人民共和国建设部. 建筑给水排水及采暖工程施工质量验收规范：GB 50242—2002，［S］. 北京：中国标准出版社，2004.

［8］浙江省住房和城乡建设厅. 建筑电气工程施工质量验收规范：GB 50303—2015［S］. 北京：中国建筑工业出版社，2016.

［9］中华人民共和国住房和城乡建设部. 木结构设计标准：GB 50005—2017［S］. 北京：中国建筑工业出版社，2018.

［10］栾海明. 建筑工程施工现场实用技术问答 500 例——测量员［M］. 北京：机械工业出版社，2015.

［11］刘东辉，韩莹，刘仕宽. 建筑水暖电施工技术与实例［M］. 北京：化学工业出版社，2019.